느린 행복

글과 사진 신영철

걸으면 행복한 길 23

그래도 걸음은
멈추지 않는다

느릴 뿐더러 지독한 길치임에도 나는 걷는 여행을 좋아합니다. 왜 도보여행을 좋아하냐 물으신다면 딱히 드릴 답은 없습니다. 만약 액셀러레이터를 밟으며 여행길에 나섰더라면 길가의 야생초 하나, 손 위로 날아와 앉은 딱새, 걷는 내내 머리를 빙글빙글 도는 잠자리, 장흥 오일장 노점에서 김을 파는 김노미 아주머니, 유랑노점 아일랜드 조르바의 디아나와 바비야, 대형 버스 한 대를 캠핑카로 꾸며 전국을 누비는 영애 씨 등 열거할 수 없는 세세한 풍경과 소중한 인연들은 결코 만날 수 없었겠지요. 온몸으로 부대낄 수 있는 여행, 그것이 답이라면 답일 수 있겠습니다.

요즘 대한민국은 도보여행 열풍이 불고 있습니다. 아마 속도에 지친 현대인들의 슬로 라이프에 대한 갈망 때문이 아닐까 싶습니다. 제주 올레와 지리산 둘레길은 소위 '대박' 난 길들이죠. 이번 여행기에서는 그 두 길을 소개하지 않았습니다. 그곳에 대한 무수한 여행정보들은 이미 넘쳐나고 있기 때문입니다. 대신 그곳 못지않게 아름다우면서도 다채롭고 길 찾기도 쉬운, 대한민국 최고의 걷기 좋은 여행지 스물세 곳을 안내해 드립니다.

차로 달릴 때와 느릿느릿 걸으며 느끼는 여행은 하늘과 땅 차이입니다. 내비게이션에 의존한 디지털 여행과 달리, 두 발에 의존한 아날로그 여행은 날 것 그대로의 자연과 삶을 온몸으로 느낄 수 있기 때문입니다. 물론 힘은 조금 더 들겠지요. 그래도 그 느린 매력에 한번 빠진다면 결코 걸음을 멈출 수는 없을 겁니다.

길 위에서 나만의 추억과 나만의 인연을 만들어보시길 기원합니다. 혹시 길에서 저와 마주치신다면 기꺼이 차 한 잔 대접해 드리지요.

끝으로 '여행'이란 테마로 인연을 맺게 된 소중한 블로그 이웃님들, 역시 길 위에서 만난 인연으로 책까지 펴내게 된 출판사 생각을담는집 임후남 대표님, 그리고 이 여행기를 완성하는 데 도움을 주신 분들께 진심으로 감사드립니다.

2011년 7월 느림보 신영철

Contents

1. 여행 코스 선택하기

사람에 따라 체력과 걷는 능력엔 차이가 있기 마련. 우선 자신의 체력과 걸을 수 있는 능력을 따져 가능하고 알맞은 코스를 선택해야 한다. 계절에 따라 해의 길이가 달라진다는 사실도 명심하자. 사람과 코스의 난이도에 따라 달라지겠지만, 초보자의 경우 보통 충분한 관람시간과 쉬는 시간까지 포함하여 시간당 평균 2.5km 정도를 걷는다 가정하고 코스를 정하는 것이 좋다.

2. 짐 꾸리기

너무 많은 짐은 도보여행에 짐이 될 뿐이다. 자신이 선택한 코스에 맞게 짐을 꾸리되 최대한 간소화하자. 예를 들면 늦은 시간까지 도보여행을 해야 할 경우 조그마한 랜턴 정도는 챙겨야 하겠지만, 그렇지 않은 경우 짐이 될 뿐이다. 만일을 대비해 비상약품(물파스, 소화제, 두통약 등)을 챙기는 것도 잊지 말자.

3. 복장

코스에 따라 정하자. 대부분의 도보여행자들이 등산화를 선호하지만, 산행이 포함된 코스라면 모를까 포장된 도로만을 걷는 도보여행의 경우 오히려 운동화나 워킹화가 훨씬 편하다. 장시간 걸어야 하는 코스의 경우 발을 보호하기 위해 두터운 양말과 품이 넉넉한 신발을 신어야 발의 피로가 훨씬 덜하다. 옷은 등산용 기능성이 좋지만, 도심 등 걷기 쉬운 코스라면 나름대로의 멋을 내보는 것도 나쁠 건 없다. 바닷가나 강기를 걷는 길이 많다면 수영복이나 샌들 하나를 챙기는 것은 센스!

4. 식사와 간식

자신이 정한 코스를 사전에 살펴보고 외진 길인 경우 물과 간식, 그리고 식당이 흔치 않은 코스인 경우 식사까지 준비해 가는 것은 필수다.

5. 스트레칭

도보여행 전후 충분한 스트레칭은 몸의 피로를 훨씬 덜어준다. 특히 장시간 버스를 타고 이동한 경우, 충분한 스트레칭을 하고 출발하면 피로감이 훨씬 덜하다.

6. 길 찾기

제주 올레를 제외한 대부분 도보여행길들은 길 안내가 허술하다. 사전에 자신이 걸을 코스를 숙지하고 시간배정을 적정하게 해놓는 것이 중요하다. 최근 스마트폰을 이용한 길 찾기가 유행하고 있지만, 골목길 등은 제대로 안내를 하지 못하는 경우도 많으므로 스마트폰에 너무 의존하지 말자. 게다가 정해진 코스를 지역 주민들에게 물어도 목적지까지 가는 길을 모르는 경우도 많다. 걷다 길을 찾기 힘들어지면 꼭 정해진 길만을 고집하기보다는 유연성을 발휘해서 쉽게 찾을 수 있는 코스로 이동하는 것이 현명하다.

7. 안전보행

차량이 다니는 길을 걸을 경우 대부분 차량과 마주보는 방향으로 길을 걷는 것이 안전하다. 만일 위험한 사태가 벌어질 경우 대처가 용이하기 때문. 다만 커브길이나 오르막길인 경우에는 차량이 진행하는 방향으로 걷는 것이 더 안전하다. 또한 이어폰 등의 사용도 자제하자. 자동차 클랙슨 소리를 듣는 데 불리할 뿐만 아니라 자연의 소리를 듣지 못하기 때문.

8. 에티켓

사람이 많은 곳이라면 모를까 적막한 곳에서 사람을 만났을 때는 밝게 인사를 하자. 한 번의 인사에 마음은 훨씬 밝아진다. 시골길 등을 걸을 때는 절대 농작물에 손을 대지 말자. 본인은 경우에는 딱 한 번이겠지만 많은 사람들이 똑같은 행동을 할 경우 농부에게는 큰 피해가 된다. 큰 피해가 아니더라도 불쾌감을 주는 건 당연하다. 쉬었던 자리를 말끔히 정리하고 길을 떠나는 것 또한 기본.

9. 휴대폰 배터리 관리

산악지역이나 오지일 경우 전파가 닿지 않아 휴대폰 배터리가 방전되는 경우가 종종 있다. 그런 지역에서는 아예 전원을 꺼두는 것이 좋다.

10. 귀가

도시길 도보여행에서는 문제될 것이 없지만, 한적한 시골길 도보여행일 경우 대중교통이 많지 않아 항상 문제다. 출발 전에 대중교통이 끊기는 시간을 정확히 파악해 두자. 또 이동지역에서 본인이 사는 지역으로 이동하는 막차 시간 또한 미리 체크해 두는 것은 기본이다. 보통 소읍이나 소도시의 경우 외부로 나가거나 서울로 가는 막차는 저녁 7시면 종료된다 생각하면 된다. 대중교통이 없는 경우, 혹은 예정보다 시간이 늦어진 경우엔 막차 시간에 맞춰 어쩔 수 없이 콜택시를 이용하는 수밖에 없다. 따라서 콜택시 전화번호도 챙겨 두자.

11. 숙박

성수기 때는 숙소를 미리 예약해 두는 것이 좋다. 되도록 다음 날 일정에 가까운 곳으로 숙소를 잡는 것이 편하다. 낯선 곳일 경우 한국관광공사에서 서비스하는 굿스테이나 베니키아 등을 통해 숙소를 알아보는 것도 좋은 방법이다. 맛집의 경우 인터넷이나 TV로 소문난 곳을 너무 믿지 말자. 보통 지역 상인들이나 택시기사에게 물어도 좋지 않은 결과를 얻을 수 있다. 소읍일수록 자신과 친분 있는 집을 소개해주기 마련. 관공서나 은행 등에 들어가 지역의 괜찮은 식당을 추천받는 것이 옳은 선택일 가능성이 높다.

12. 여유

도보여행에서 가장 필요한 덕목이다. 도보여행은 여행이지 전쟁이 아니다. 도보여행의 목적이 무엇인가. 다이어트? 목표점 찍기? 바쁠수록 돌아가란 속담이 있듯 여유로운 시간과 여유로운 마음이 있어야 자연과 문화를 만끽할 수 있을 것이다. 동행이 있다면 상대방을 배려하는 여유는 기본이다.

슬로시티,
깊은 숨으로
첫 번째 느리게 걷기
걷다

느림의 미학을 완성하다
전주 한옥마을

풍남문
경기전
전동성당
오목대
전주 한옥마을
전주향교
한벽당

누구나 부담 없이 떠날 만한 완벽한 도보여행지 전주 한옥마을. 마치 시간이 멈춘 듯, 도심 한복판에 다닥다닥 한옥이 있는 이 마을은 느림의 미학을 고스란히 간직하고 있다. 무엇보다 맛과 멋과 예술의 고장 전주를 집약적으로 즐길 수 있다는 점이 가장 큰 매력. 더불어 생태복원의 모범답안으로 이야기되는 전주천을 따라 걷는 '한옥마을 숨길'과 '기린봉 산책로'에서는 아름다운 자연과도 만날 수 있다. 그리고 밤이 되면 전주의 밤하늘엔 별이 흐른다. 도보여행에서 즐길 수 있는 모든 즐거움을 한꺼번에 만끽할 수 있는 전주 한옥마을은 '도보여행 백과사전'이라 해도 과언이 아닐 듯하다.

전주 한옥마을은 도시에 자리 잡은 마을로서는 최초로 2010년 11월, 국제 슬로시티로 지정된 느림보 마을이다. 도심 한복판에 자리 잡은 700여 채의 한옥은 도시의 빌딩숲과 대비를 이루며 고풍스러운 매력을 발산한다. 그러나 이 오래돼 보이는 마을의 역사는 의외로 길지 않다.

전주 한옥마을에서는 홀가분하게 걷자

　　을사조약(1905년) 이후 전주에 들어오기 시작한 일본인들은 전주를 그들의 입맛에 맞게 개조하기 시작했다. 호남평야에서 생산되는 쌀을 일본으로 실어 나르기 위해 신작로를 내고 우리나라 최초의 국도 1번 전군가도를 개설하면서 전주 성벽을 허물었던 것.

　　전주성 서문 밖에 살던 그들은 마침내 허물어진 성벽을 넘어 성안으로까지 들어와 일본식 주택을 짓고 살기 시작했다. 당시 성곽은 엄격한 계급 사회의 상징물이었다. 천민이나 상인, 왜놈, 되놈들이 성안에서 산다는 것은 상상하지도 못할 일! 조선왕조가 건재했더라면 불가능한 일이었다.

　　이러한 일본인들의 세력 확장(전주의 최대 상권마저 일본인들이 차지하게 되었다)에 위기감을 느낀 한국인들은 지금의 전주 한옥마을인 교동과 풍남동 일대에 일본식 가옥과 대조되는 한옥을 지으며 마을을 형성하기 시작했다. 이렇게 형성된 것이 지금의 전주 한옥마을이다. 전주 한옥마을은 구한말 일본인들의 세력 확장에 대한 반발이자 민족적 자긍심의 발로에서 형성된 셈이다.

느림보 따라하기

배낭? 버리자! 여러 가지 여행 준비물? 버리자! 전주 한옥마을은 도심에 있어 거닐면서 먹을거리와 여행 물품을 쉽게 구할 수 있다. 오히려 짐은 짐이 될 뿐. 이 짐 저 짐 다 버리고 홀가분하게 떠나보자.

아름답지만 슬픈 대비, 경기전과 전동성당

한옥마을의 중심 골목 태조로. 그 길에 들어서면 가장 먼저 시선을 사로잡는 건물은 경기전과 전동성당이다. 경기전은 조선왕조의 성역으로 격식 있는 한국 건물의 아름다움을 여실히 보여주는 곳. 전동성당은 호남에서 최초로 세워진 로마네스크 양식의 건축물로 우리나라에서 가장 아름다운 서양식 건축물로 이름난 곳. 가장 한국적인 건축물과 가장 아름다운 서양식 건축물이 묘한 대비를 이루고 있다.

경기전 하마비 앞에 서면 그 묘한 대비는 더욱 도드라진다. 그 옛날 하마비 앞을 지날 땐 신분고하를 막론하고 경의를 표해야만 했다. 한데 유교를 숭상하던 조선왕조의 근간인 경기전 앞에 경기전보다 우뚝 솟은 성당이라니!

전동성당 자리는 본래 전라감영 터의 일부. 전라감영은 조선 최초의 천주교 박해사건이었던 신해박해의 현장이었다. 신해박해는 유교를 숭상하던 조선사회에서 천주교식으로 제례를 지낸 사건에서 비롯되었는데, 당시 종교적 신념을 거두지 않았던 윤지충과 권상연은 전라감영에서 참수를 당한다.

그 후 한 세기가 지나 프랑스의 신부가 전라감영 터의 일부를 사들여 이곳에 전동성당을 짓기 시작했다. 이 과정에서 흥미로운 사실은 일제가 허문 전주 성벽에서 나온 화강암의 일부가 성당의 주춧돌로 쓰였으며, 성벽에서 나온 흙은 성당의 벽돌을 굽는 데 사용되었다는 점이다. 아마도 천주교 최초 박해지의 돌과 흙으로 성당을 지음으로써, 이곳이 순교지임을 나타냄과 동시에 신앙의 요람으로 만들기 위함이었을 것이다. 이렇듯 경기전과 전동성당은 전주 한옥마을을 대표하는 아이콘이자, 구한말 역사적 격변기를 대변하는 시대적 아이콘이기도 하다.

그러나 세월은 한옥마을에서도 가장 이질적인 건축물 전동성당에게 자연스러운 빛깔을 선사했다. 경기전 와담 너머로 보이는 전동성당의 첨탑이 이젠 제법 잘 어우러진다.

태조 이성계의 초상화가 있는 경기전(좌)과 우리나라에서 가장 아름다운 서양식 건축물로 손꼽히는 전동성당(우).

신분의 고하를 막론하고 이 앞을 지날 때는 말에서 내려야만 한다는 하마비(下馬碑).

느림보 따라하기

한옥마을 골목은 와담길이다. 천천히 걸어보자. 경기전을 둘러싼 돌담 위로는 무성한 나뭇가지가 우거져 덕수궁 돌담길 못지않은 운치가 느껴지고, 살림살이가 슬쩍 엿보이는 민가들이 밀집된 골목에선 사람 사는 냄새가 구수하게 풍긴다. 어용전만 둘러보지 말고, 예종대왕 태실과 그 외 전각들도 둘러보자. 그리고 벤치에 앉아 잠시 다리를 쉬어보자. 전동성당의 경우 보통 밖에서만 건물을 감상하곤 하는데, 성당 안으로도 들어가 로마네스크 건축 특유의 아치형 천장을 감상해보자.

전주향교와 오목대 등 다양한 볼거리

인기 드라마 〈성균관 스캔들〉의 촬영지이기도 한 전주향교는 전각들과 오래된 은행나무들이 잘 어우러져 매우 아름다운 풍경을 자아낸다. 향교들 중 가장 온전한 형태로 보전된 곳이란 평판을 받고 있는데, 학생들이 공부하던 공간인 명륜당의 건축양식도 눈여겨보자.

로마네스크 건축 양식이 돋보이는 전동성당 내부.

전주향교에서 무엇보다 눈길을 사로잡는 건 다섯 그루의 수백 년 된 은행나무들. 특히 본디 수컷 나무였다가 암컷으로 변해 은행이 열리게 되었다 하여 자웅나무라 불리는 은행나무의 모습은 압권이다. 특히 향교에서 그 나무의 은행을 따다 제사를 지낸다는 사실도 재미있다. 가을이면 전주향교의 아름다움은 극에 달한다. 황금빛 은행나무가 드리워진 전주향교는 우리나라에서 가장 아름다운 가을 풍경으로 선정해도 모자람이 없다.

느림보 따라하기

만약 시험을 앞두고 있는 사람이라면 일월문 앞의 은행나무에 소원을 빌어보자. 예부터 이 은행나무에 소원을 빌면 과거에 급제한다는 전설이 내려오고 있다.

전주공예품전시관 쪽에서 마치 한옥마을의 수호수인 양 서 있는 커다란 성황목을 지나면 오목대에 이른다. 오목대는 전주 이씨인 태조 이성계의 조상 목조가 살았던 곳으로 이성계가 고려 말 우왕 6년에 운봉의 황산에서 왜군

을 무찌르고 돌아가다 그의 종친들을 불러모아 승전을 자축한 곳이다. 배롱나무와 어우러진 오목대 자체도 아름다울 뿐만 아니라 오목대에 올라 바라보는 기와지붕이 다닥다닥 붙은 전주 한옥마을의 전경은 특히 더 볼 만하다.

교동아트센터는 본래 내의류 생산업체인 BYC의 옛 상표인 백양표 메리야스를 제조하던 공장이었다. 1960년대 건축된 봉제공장 건물을 그대로 유지한 채 내부를 전시관으로 개조해 산업화 초기의 옛 정취와 다양한 예술의 향기를 동시에 느낄 수 있다.

전주공예품전시관도 들러보자. 전주 지역 공예작가들의 공예작품 및 문화상품을 전시 판매하는 이곳은 수시로 다양한 전통문화체험과 문화행사가 열리는 복합문화공간으로서 웬만한 전시회 혹은 박물관 산책이 부럽지 않다.

이 외에도 전북이 배출한 《혼불》의 작가 최명희문학관, 한지공예의 다양한 아름다움을 느껴볼 수 있는 공예공방촌 지담, 목침분야의 기능전수자인 김종연 씨가 운영하는 목공예공방 목우헌, 우리 전통술에 대한 제조과정은 물론 조선3대 명주의 하나인 전주 이강주를 저렴하게 살 수 있는 전통술박물관, 한지의 제조과정과 다양한 종류의 한지를 직접 보고 구매할 수 있는 전주한지원, 컴퓨터로 자신의 사상 체질을 알아보고 한방의 지식도 넓힐 수 있는 한방체험관 등은 모든 전주 한옥마을과 이어져 있다.

느림보 따라하기

전주 한옥마을은 제대로 돌아보려면 상당히 시간이 많이 소요된다. 다리와 발이 피곤해지는 것은 당연지사. 그럴 땐 한방체험관에서 한방 족욕으로 피로를 달래보는 것도 여행의 또 다른 즐거움!

태조 이성계가 잔치를 벌인 곳으로 유명한 오목대(좌)와 우리나라에서 가장 완벽한 보존 상태를 보이는 전주향교(우).

이름도 아름다운 한옥마을 숨길 산책

전주향교에서 조금만 걸어 나오면 전주천과 마주친다. 전주천의 가장 놀라운 점은 도심의 상류를 흐르고 있는 수질이 그냥 마셔도 무방한 1급수라는 점. 생태계 복원의 모범 답안으로 불리는 맑은 전주천을 따라 걷는 길은 억새가 아름답게 어우러지고 간간이 물새들이 놀고 있어 도심하천이라고는 믿기지 않을 정도로 운치가 있다.

천변을 따라가다 보면 전주8경중 하나라는 한벽당(한벽루)에 이른다. 한벽당은 조선 초기의 문신 최담이 별장으로 지은 누각인데, 승암산 기슭 절벽 끝에 선 그 자태는 화려하고 아름다울 뿐만 아니라 학처럼 고고하다. 한데 이 한벽루 아래에 굴 하나가 뻥 뚫려 있다. 한벽굴이다.

한벽굴은 일제 강점기 시절 전주-남원 간 철도길로 뚫은 것이지만, 이씨 조선의 맥을 끊기 위한 것이기도 했다. 조선왕조의 성지라 할 수 있는 오목대

022

슬로시티 전주 곳곳에는 전통이 살아 있어 우리나라 전통문화를 즐길 수 있다. 사진은 전주 한지원(좌)과 목공예 공방 목우현(우).

와 이목대를 기차소리로 시끄럽게 하고, 지역 선비들에게 사랑받던 한벽당 아래에 굴을 뚫음으로써 민족정신의 맥을 흩어 놓기 위한 것이었다.

　한벽루를 지나면 역사 깊은 승암사가 나오고, 승암사를 지나면 천주교 성지인 치명자산이 나온다. 이 산은 본래 승암산(중바위산)이라 불리었으나 천주교 순교자들이 묻힌 이후로는 치명자산으로 더 많이 불리고 있다. 천주교 신자들에게는 믿음의 고향 같은 곳으로 순례자들이 많이 찾으며, 기도 공원으로 사랑 받고 있어 한국의 몽마르트라 불리기도 한다.

한옥마을 숨길 코스

　전주 한옥마을 공예품전시관 ~ 한옥마을 당산나무 ~ 오목대 쉼터 ~ 양사재 ~ 향교 ~ 한벽루 ~ 전주천 수변생태공원 ~ 치명자산 성지입구 ~ 88올림픽 기념숲 ~ 바람 쐬는 길 ~ 전주천 ~ 서방바위 ~ 각시바위 ~ 자연생태박물관 ~ 구 철길터널 ~ 이목대 ~ 오목대 육교 ~ 오목대 정상 ~ 한옥마을 명품관

전주8경 중 하나인 한벽당은 절벽위에서 전주천을 바라볼 수 있어 과거 지역 선비들의 사랑을 받았다.

별이 흐르는 전주의 밤거리

해가 저물면, 전주 한옥마을 골목은 낮과는 또 다른 모습으로 다가온다. 불빛들은 골목마다 세세하게 그림을 그려내고, 높다란 전동성당은 낮보다 훨씬 도드라진 모습으로 전주의 밤하늘에 아롱진다. 특히 전주 야경 중 빼놓을 수 없는 명소는 전주 사대 성문 중 유일하게 남은 풍남문. 풍남문의 야경은 광화문 야경의 아름다움 못지 않다.

풍남문을 지나 객사에 이르면 본격적인 전주의 다운타운 거리. 이미 신시가지에 최고 번화가의 자리를 넘겨주긴 했지만, 웬만한 상점은 다 모여 있고 구석구석 위치한 식당들은 여전히 전주다운 맛깔스러움을 자랑해 전주의 오래된 맛을 즐기기엔 더없이 좋다.

그러나 전주의 밤거리가 다른 도시보다 유독 아름다운 까닭은 도심의 밤하늘 때문이다. 최근 수많은 도시들이 밤거리를 루미나리에로 치장하지만 모두 획일적인 모습이어서 개성이라고는 찾아볼 수 없다. 하지만 전주의 루미나리에는 특별하다. 밤하늘에 별자리가 흐른다. 사수자리를 지나고, 전갈자리를 지나면 사자자리가 나온다. 같은 돈을 들이고도 이렇게 차별화된 아름다움으로 감성을 자극하는 곳이 바로 전주의 밤하늘이다.

전주 한옥마을 도보여행을 위한 Tip

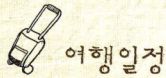 **여행일정**

전주 한옥마을은 의외로 돌아볼 곳이 많아 하루 일정으로는 빠듯하다. 되도록 일정을 여유롭게 잡아 다채로운 무료체험도 즐기고 쉬어가는 여유로운 여행 스케줄을 짜는 것이 좋다.

도보여행 전주 한옥마을 & 한옥마을 숨길

1박2일 코스 도보여행 +

- **산을 좋아하면** 치명자산 성지 ···> 동고사 ···> 동고산성(후백제 견훤의 궁궐터) ···> 이목대
- **아이들 혹은 연인과 함께라면** 덕진공원 ···> 플라타너스길 ···> 조경단 ···> 전주동물원
- **가을이라면** 낙엽 흩날리는 전주수목원도 걷기에 좋다.

 **숙소**

'학인당', '양사재' 등 문화재급 고택에서의 숙박을 추천. 이 한옥 스테이에서는 정갈한 아침밥 상도 받아볼 수 있다. 객실 전체 복도가 예술들의 미술작품으로 전시되어 있는 다운타운거리의 '한성호텔' 또한 이색적 숙소. 단, 이름난 한옥 스테이는 인기가 많으니 사전 예약은 필수.

전주 한옥마을 근처의 먹을거리

콩나물국밥 경기전 뒤쪽으로는 유명한 콩나물 국밥집들(왱이집, 풍전식당, 동문원 등)이 즐비하다. 욕쟁이할머니의 원조집 '삼백집' 또한 빼놓을 수 없는 콩나물국밥의 명가.

전주비빔밥 풍남문에서 우체국 방향으로 가다 보면 오래 전부터 전주비빔밥으로 명성을 날리는 '성미당'과 '가족회관'이 있다. 한옥마을에서 도보이동 가능.

전주한정식 개인적인 취향에 따라 워낙 선호도가 달라 섣불리 어느 집이 낫다 말하기 조심스럽지만, 식재료를 엄선해 쓰는 '양반가', 착한 가격으로 투박한 밥상이 정감 있는 '다문'을 추천.

오모가리탕 전주천변에 밀집돼 있으며 어느 집에 가도 맛있다. 특히 참게장까지 덤으로 나오는 '화순집'을 추천.

막걸리와 가맥 유명한 삼천동 막걸리 골목은 한옥마을에서 가자면 꽤 먼 거리이고 전주에서 교통체증이 심한 지역이므로 시간을 고려해서 이동하시길. 전주 가맥의 원조격인 '전일수퍼'는 한옥마을과 가까워 도보로도 이동 가능. 독특한 비법으로 만든 간장 소스에 찍어 먹는 갑오징어와 북어가 일미이고 계란말이도 인기 메뉴.

아껴둔 땅을 걷다
장흥

강성서원

장수풍뎅이마을

보림사

장흥 오일장

장흥 사람들에게 장흥 자랑 좀 해 달라고 하면 돌아오는 답변은 한결같다.

"무에 볼 것 있는 곳이라고, 볼 거 하나도 없어. 볼라믄 저기 제주도나 서울로 가야제."

그래도 아쉬워 뭐든지 자랑 하나 해 달라 거듭 부탁하면 마지못해 대꾸한다.

"아껴둔 땅이야!"

1970년대부터 일어난 전국적인 개발 붐에서 소외되었던 덕분(?)에 장흥은 아이러니하게도 급변하는 세상 속에서 순수한 자연 환경을 그대로 보존하고 있는 '아껴둔 땅'이 되었다. 장흥은 사람도 자연도 여전히 순수하기만 하다. 그리고 볼 것 먹을 것, 참 많다.

버스에서 내리자마자 나를 맞은 건 심한 허기였다. 길 가는 사람들에게 맛집을 물어봤지만 한결같이 다 그게 그 맛이란다. 정말로 없어서인지 몰라서인지, 그도 아니면 장흥 사람들의 천성이 불친절해서인지는 몰라도 광주에서 두 시간 반을 달려왔는데 김밥 한 줄로 끼니를 때우기엔 너무 억울했다. 그때 보따리를 한 짐 지고 지나가는 할머니들의 모습에서 장날이라는 사실을 감지하고 할머니들의 뒤꽁무니를 따라나섰다.

슬로푸드 집산지, 장흥 오일장 나들이

　아닌 게 아니라 장날이었다. 장흥장은 전남에서도 세 손가락 안에 드는 큰 장이다. 그 명성에 걸맞게 수많은 주민들과 관광객들로 북새통을 이루고 있었다. 고현정과 권상우가 등장해 화제를 일으켰던 TV드라마 〈대물〉의 촬영지라고 알려지면서 찾는 사람이 급격이 늘었다고 한다.

　장터 이곳저곳을 거닐다 보니, 참 낡은 동네라는 느낌이 들었다. 나무판자로 기워진 밀창문 너머로 그 옛날 구멍가게 풍경이 그대로 남아 있고, 오토바이 수리점도 30년 전쯤 평수에서 조금도 자리를 넓히지 못하고 있다. 2층짜리 콘크리트 건물도 최소한 20년 전에 지어진 것임이 분명했다. 혹시 이 모

장흥 오일장이 서는 장터의 구멍가게. 시간이 멈춘 듯 과거의 모습을 그대로 간직하고 있다.

든 것이 드라마를 촬영하기 위해 세트장으로 지어진 것이 아닐까 싶었는데 아니란다. 모두 실제 생활하는 모습 그대로다.

사람들의 물결에 밀려 시장 끝에 다다르니 '연화' '오산댁' 같은 이름표를 단 할머니들이 보따리를 펼쳐놓고 앉아 있다. 자신의 이름을 내걸고 집에서 직접 담근 된장, 직접 재배한 도라지, 직접 산에서 채취한 나물 등을 팔고 있는 것이다. 군청으로부터 허가를 받는데, 60세 미만의 할머니들은 이 이름표를 받을 수 없단다.

아닌 게 아니라 할머니들이 보따리를 풀고 있는 거리에는 들에서 캐온 나물과 집에서 직접 띄운 메주 등 시골집 할머니의 손길을 거쳐 나온 물건들이 그득 쌓여 있다. 그것은 그냥 물건들이 아니었다. 자연이 철 따라 숙성시키고 사람의 손길이 완성한 진정한 슬로푸드였다.

느림보 따라하기

장흥장은 2와 7로 끝나는 날에 선다. 그러나 요즘에는 '장흥 토요상설시장'이란 이름으로 토요일에도 장이 열린다.

홍어삼합만 삼합? 장흥엔 키조개삼합이 있다!

금강산도 식후경. 시장 끝 식당에 들어서니 '키조개삼합'이란 메뉴가 눈에 들어온다. 홍어삼합은 들어봤어도 키조개삼합은 처음 듣는 말이다. 한 식당으로 들어가 키조개삼합을 시키니 쇠고기를 직접 사오란다. 급히 정육점으로 가서 낙엽살과 차돌박이를 골라 다시 식당으로 갔다.

장흥 오일장 노점에서는 61세 이상의 할머니들만 군청에서 허가를 받아 판매할 수 있다.

표고버섯과 쇠고기가 지글지글 익어갈 때, 상치 한 장 깔고 그 위에 표고버섯, 키조개, 쇠고기를 얹어 한입 넣으니 표고버섯의 향에 쇠고기와 키조개가 어우러진 부드러운 맛이 조화를 이룬다! 홍어삼합이 자극적이고 강렬한 맛이라면 장흥의 키조개삼합은 부드럽고 섬세한 맛이다. 키조개삼합을 먹은 후 장흥의 또 다른 특산물인 매생이탕까지 먹고 식당을 나서자니 갑자기 이상하다는 생각이 들었다. 아니, 이런 음식을 두고 그렇게들 먹을 것 없다고 손사래를 쳤단 말인가.

"아이고, 이게 뭐 크게 자랑할 음식이라고요."

식당 주인의 말을 듣고 순간 나는 깨달았다. 자랑질 같은 건 장흥 사람들의 천성과는 거리가 멀다는 사실을.

슬로시티 유치면 반월리를 할 일 없이 걷다

유치면 반월리는 '장수풍뎅이마을'이란 이름으로 유명세를 타고 있는 마을이다. 표고버섯을 재배하고 버린 폐목을 톱밥으로 만들어 장수풍뎅이 애벌레를 키우고, 그 애벌레가 장수풍뎅이가 되면 자연에 목마른 도시 아이들에게 내다 판다. 애벌레를 기르고 난 톱밥은 다시 거름이 되어 자연으로 돌아간다. 자연의 흐름을 그대로 따르며 농사짓는 이 동네의 표고버섯과 장수풍뎅이는 그야말로 대박이 났다.

한데 막상 마을에 도착해 보니 장수풍뎅이마을은 내가 그리던 특별한 마을이 아니었다. 대한민국 시골 어디에서 볼 수 있는 평범한, 오히려 약간은 더 퇴락해 보이는 마을이었다. 흔한 구멍가게 하나 보이지 않았다. 표고버섯과 장수풍뎅이는 다 어디로 갔을까, 궁금해 하며 물이라도 얻어 마시려고 이 집 저 집 대문을 기웃거릴 때 뒤에서 누군가의 목소리가 들렸다. 물 한 컵 달게 마시는 나를 보고 할아버지가 말씀하셨다.

"근데 뭐 할라고 이런 촌구석까지 왔당가? 헐 일 없이…."

그러게. 할 일 없이 나는 뭘하러 이곳에 왔을까. 슬로시티에 대해 물어 보았지만 할아버지는 슬로시티가 무엇인지도 모르고 계셨고, 장수풍뎅이와 표고버섯은 모두 비닐하우스 속에 있다고 말씀하셨다. 아직 날이 추운 겨울이기 때문이다. 슬로시티가 뭔지는 몰라도 하우스 것은 가짜라고 말씀하시는 어르신이야 말로 슬로시티가 추구하는 철학으로 삶을 영위하고 계셨다. 장수풍뎅이와 표고버섯에 대한 미련을 버리진 못했지만, 나는 비닐하우스를 그냥 지나쳐 어르신의 겨울나기 표고버섯 농장을 구경한 후 강성서원으로 향했다.

과거의 삶 그대로 소박하게 천천히 살아가고 있는 장흥은 천연농법으로 슬로시티로 선정되었다.

장흥선사문화유적공원을 거쳐 보림사까지

　면소재지인 신풍리 아래쪽 장흥댐 언저리에 조성된 생태공원 길은 드넓은 갈대밭이다. 때마침 겨울인지라 갈대꽃이 우거져 운치가 있었다. 갈대숲을 돌아 다시 길로 올라서면 '장흥선사문화유적공원'이다.

　소문나지 않아서 그렇지 장흥이야말로 고인돌의 고장이다. 장흥 지역에서 발견된 고인돌은 무려 2,250여 기. 세상에서 가장 고인돌이 많은 동네다. 장흥선사문화유적공원의 고인돌군은 장흥댐 건설로 인해 수장될 위기에 처

세계에서 고인돌이 가장 많음에도 장흥의 고인돌유적지는 널리 알려지지 않았다.

해 있던 고인돌 149기를 모아 놓은 고인돌 공원이다. 이런 자원이 있음에도 장흥의 고인돌군이 고창이나 화순에 비해 소문나지 않았다는 사실이 놀라울 따름이다. 역시나 장흥사람들은 '자랑질'과는 거리가 먼 듯했다.

선사문화유적지에서 보림사까지의 여정은 꽤 길지만 지루하진 않다. 장흥댐의 푸른 물길을 따라 걷는 길이기 때문이다. 보림사는 우리나라에 선종을 가장 먼저 받아들인 사찰로서 인도 가지산의 보림사, 중국 가지산의 보림사와 더불어 동양의 3보림이라 불리는 사찰이다. 오랜 역사만큼 유물도 많아 경내에는 3층석탑 및 석등(국보 제44호), 철조비로나자불좌상(국보 제117호) 등

푸른 물이 넘실대는 장흥댐을 따라가다 보면 보림사와 비자나무로 숲을 이룬 비자림이 나온다.

인도와 중국의 보림사와 함께 3대 보림사로 꼽히는 장흥의 보림사는 우리나라 선종 불교의 본거지다.

국보와 보물이 8점, 전라남도 유형문화재 15점 등이 있어 그 자체가 보물이라 할 만하다.

보림사에 도착하여 바로 달려간 곳은 경내 약수터였다. 그 알싸하고 시원한 맛이란! 해탈도 가능할 듯했다. 심한 갈증에 시달렸던 터라 더욱 맛있게 느껴지기도 했겠지만, 보림사 약수는 한국자연보호협회가 '한국의 명수'로 지정할 정도로 끝 맛이 쌉쌀한 게 일품이다. 이 특별한 물맛의 비밀은 보림사를 둘러싼 울창한 비자나무 숲에 있다 한다. 제주도 비자림 외에 육지에서 이렇게 울창한 비자나무 숲을 본 적은 처음이었다. 비자나무 숲 아래로는 도의선사가 중국에서 다도를 익히고 들어올 때 심었다는 녹차나무 자생지가 자리하고 있다. 보림사의 녹차도 명품으로 유명하지만, 가지산이 품고 비자나무 숲이 우려낸 보림사 약수는 그 자체가 '차'였다.

외면의 아름다움을 보기 위해 장흥을 찾는다면 어쩌면 실망스러울지도 모르겠다. 그러나 정겹고 따뜻한 고향을 찾고 싶다면 장흥에 가보자. 장흥은 고려청자가 아니라 투박한 뚝배기와 같은 곳이기 때문이다.

느림보 따라하기
강성서원에서 보림사까지는 상당히 먼 거리다. 식사할 곳도, 물을 살 곳도 없으니 선사문화유적지가 있는 신풍리에서 식사도 하고 식수도 미리 준비하자.

장흥 도보여행을 위한 Tip

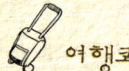 **여행코스**

도보여행 장흥 토요시장 ⋯ (버스 이동) ⋯ 장수풍뎅이 마을 ⋯ 강성서원 ⋯ 조양리 마을 ⋯
선사문화유적지 ⋯ 보림사(23km)

1박2일 코스 도보여행 +

- **문학 마니아라면** 기양사(가사문학의 효시) ⋯ 해산토굴(한승원 문학공원) ⋯ 송기숙 생가
  ⋯ 영화 〈축제〉 촬영지 남포마을 ⋯ 방촌유물전시관 ⋯ 천관산 문학공원 ⋯ 이청준 생가
- **산을 좋아하면** 명산인 천관산, 제암산, 가지산 등을 올라가 보는 것도 좋다.

 **먹을거리**

키조개삼합 장흥의 대표적인 특산품인 키조개, 표고버섯, 한우를 한꺼번에 먹을 수 있는 음
식. TV프로그램 〈1박2일〉에 등장한 후 전국적으로 화제를 일으킨 음식이다. 장흥 토요상설시
장 내 '정남진음식사랑' 추천.

매생이탕 & 매생이전 장흥은 전국 제일의 매생이 산지다. 매생이에 굴을 넣어 끓이는 매생이
탕은 고소하면서도 시원하여 식사는 물론 해장용으로도 좋으며, 매생이를 듬뿍 넣어 부친 매
생이전은 바다의 향이 그대로 살아있을 뿐더러 입에 넣자마자 살살 녹는다. 장흥 토요상설시
장 내 '끄니걱정' 추천

 **숙소**

도보여행지와는 멀지만 안양면 바닷가에 위치한 '옥섬워터파크' 추천. 장흥읍내 깔끔한 숙소
로는 '리버스모텔' 추천.

장흥 가는 길

서울—장흥간 고속버스는 1일 3회밖에 운행하지 않으므로, 광주고속버스터미널까지 간 후 그
곳에서 장흥 행으로 바꿔 타는 게 좋다.

섬진강따라 길을 걷다
하동·광양

화개장터
최참판댁
무딤이들
광양 매화마을

봄날이다. 갓 피어나기 시작한 매화가 겨우내 얼어붙었던 동토를 화사하게 녹여내고 있다. 섬진강 곳곳에도 매화가 피어나기 시작한다. 마치 강 여기저기에 하얀 분수를 틀어놓은 듯하다.

내가 발 디딘 곳은 경상도 하동이지만 강 건너는 전라도 광양이다. 지도에서의 섬진강은 전라도와 경상도를 가르지만, 실제의 섬진강은 경계가 아니라 공동 터전이다. 이곳에선 전라도와 경상도 사람들은 없고 섬진강 사람들만 존재할 뿐이다. 하동에서 매화마을까지는 약 3km 정도. 차라리 걷는 게 더 빠르다. 봄바람에 매화향 날리는 길, 오히려 길은 더 길어도 좋다.

광양 매화마을의 봄

　　콧노래 부르며 세월아 네월아 걷노라니 멀리 수월정이 보이기 시작했다. 수월정부터 본격적인 광양 매화마을의 시작이다. 광양 매화마을에서 가장 유명한 집은 홍쌍리 여사의 청매실농원. 청매실농원의 시작은 홍 여사의 시아버지인 율산 김오천 옹에 의해서였다. 일본에서 고된 광부 생활을 하며 돈을 모아 돌아와 밤나무, 매실나무 묘목을 심기 시작한 것이 현재 농원의 기반이 되었다. 당시에는 밤나무가 주된 수종이었으나, 나중에 매실에 반한 홍쌍리 여사가 점차 매실 밭을 넓혀가며 지금의 청매실농원을 이루게 되었다. 청매실농원이 유명해지면서 마을 주민들 또한 매화나무 심기에 나서 이곳은 명실공히 대한민국을 대표하는 매화마을이 되었다.

매화축제 기간에만 광양청년회에서 운영하는 섬진강 나룻배는 노를 젓지 않고 고정해 둔 줄을 당겨 이동한다.

　　매년 3월이면 마을은 순백으로 일렁인다. 섬진강에서 백운산 기슭까지 거미줄처럼 이어진 길을 따라 하얀 매화꽃이 만발하는데 그야말로 장관이다. 그 길을 걷노라면 신선이 부럽지 않다. 매화 구름 위에 올라 하늘을 나는 느낌이랄까. 잠시 매화나무 그늘에 앉아 보아도 좋을 일이다. 봄바람에 우수수 떨어지는 꽃비처럼 눈부시고 향긋한 비가 또 있을까! 산기슭에 이르면 매실이 익어가는 수백 개의 옹기 항아리에 탄성이 절로 나온다.

　　봄이면 매화꽃 피지 않는 곳 없건만 사람들이 유독 광양 매화마을에 열광하는 이유는 당연한 일이다. 인류가 문명을 시작한 강이 흐른다. 그것도 지리산 정기를 받아 흐르는 섬진강이다. 만물이 기나긴 동면에서 깨어날 때 그 생명의 강가에 어우러지는 꽃무리만큼 봄맞이하기 좋은 장소가 또 있을까. 봄날의 매화마을은 심지어 사람들의 숨소리에서마저 매화향이 날 듯하다.

하동에서 광양 매화마을로 가는 버스는 그리 많지 않다. 그리 길지 않은 거리이고, 길 따라 섬진강이 흐르니 차라리 걷자. 시간을 절약하고 싶은 사람들이라면 택시를 이용해도 좋다.

《토지》의 고장, 악양면 둘러보기

매화향에 너무 취해 시간 가는 줄 몰랐다. 매화마을에서 악양면까지는 무려 15km가 넘는 길. 오늘 내에 화개장터까지 가기는 힘들겠구나 싶었는데, 버스가 보였다. 급히 손을 흔들어 올라 탄 버스가 멈춘 곳은 《토지》의 고장, 악양면.

악양 여행은 악양루에서 시작되었다. 이름으로만 따지자면 중국 동정호의 그 아름답다던 악양루와 버금가는 풍경을 기대하게 하는데 꽤 규모도 있고 연륜도 있어 보이는 이 누각은 오르는 계단이 콘크리트다. 시작부터 불안하다. 하긴 두보의 그 유명한 시 '등악양루(登岳陽樓)'도 그리 유쾌한 내용은 아니었다.

그러나 하동의 악양루는 처참할 지경이었다. 악양루에 올라 보니 섬진강 돛단배와 백사장에 내려앉는 기러기 대신 초라한 2층 건물이 시선을 가로막고 물소리와 새소리 대신 빵빵대는 차 소리가 지친 걸음을 재촉했다.

해마다 가을이면 마트마다 진열된 '대봉감'을 볼 수 있지만, 대봉이란 이름이 악양에 있는 동네란 사실을 아는 사람은 드물다. 악양 대봉감마을은 대봉감의 시배지로 알려진 곳이다. 같은 대봉감이라 해서 다 같은 맛이 아니다. 섬진강 깨끗한 물과 지리산의 정기를 받아 익은 '원조 대봉감'은 최고의 맛을 자랑한다.

감나무 과수원을 따라 유유자적 걸어 오르니 커다란 소나무가 보인다. 천연기념물 제491호로 지정된 축지리 소나무다. 커다란 바위 위에 뿌리를 내려 600여 년을 버틴 이 나무는 자연이 만들어 낸 최고의 걸작품이라 해도 과언이 아닐 듯하다. 소나무 옆 문암정에 오르면 드넓은 악양벌이 한눈에 펼쳐진다. 특히 가을, 주홍빛으로 알알이 익어가는 감나무밭 너머로 황금 들판이 펼쳐지면 그만한 아름다운 풍경도 없을 듯하다.

대봉감마을에서 지리산자락 아래로 펼쳐진 평사리 들판으로 내려간다. 일명 '무덤이들'이다. 박경리 선생은 소설 《토지》를 구상할 때, 이곳 무덤이들에서 영감을 얻었다 한다. 악양면은 무덤이들을 빙 두른 지리산자락에 마을을 형성하고 있다. 따라서 높은 지리산 꼭대기까지 오를 필요 없이 가장 낮은 무덤이들에 서서 한 바퀴 빙 돌아보면 악양면 전체를 조망할 수 있다. 이곳 주민들은 지리산자락의 집에서 밤을 보내고 날이 밝으면 일제히 무덤이들로 내려와 농사를 짓는다. 따라서 이곳은 삶의 터전이자 사람들이 이래저래 뒤엉키는 광장이기도 하다. 소설의 배경으로 이만한 곳도 없었을 것이다.

아름다운 취간림을 지나 마을로 들어가다

악양면 소재지로 접어들면 가장 먼저 취간림을 만날 수 있다. 생명의 숲 가꾸기 국민운동, 산림청 등이 주최한 아름다운 숲 전국대회에서 '아름다운 마을 숲'으로 선정된 숲이다. 취간림은 풍수상으로 마을의 부족한 기를 돋우기 위해 조성되었다.

취간림을 지나 마을 깊숙한 곳에 이르면 십일천송이 보인다. 멀리서는 한 그루의 멋진 반송처럼 보이는데, 가까이 다가가서 보니 열한 그루의 소나무가 보기 좋게 어우러져 있다. 무덤이들을 중심으로 오순도순 작은 마을이 모여 이뤄진 악양면을 딱 닮은 소나무다.

십일천송을 지나면 돌담이 구불구불 이어진 꽤 오래된 마을길이다. 길 끝에는 오래된 조씨 고가가 수백 년의 세월을 버티고 있다. 조선 개국공신 조준의 직계손인 조재희가 낙향하여 지었다는 이 고택은 무려 16년에 걸쳐 건축된 것인데 동학혁명, 한국전쟁을 거치면서 사랑채와 행랑채 등이 불타 없어지고 지금은 안채와 연못만 남아 있다. 어쩐지 토지의 최참판댁의 흥망성쇠를 닮은 듯한 느낌이 들어 물어보니, 아닌 게 아니라 바로《토지》의 실제 모델이 된 집이란다.

악양면은 거닐면 거닐수록 새록새록 재미가 난다. 마을들은 모두 산비탈에 자리잡고 있어, 그 어느 곳에 서 있어도 맞은편 동네가 훤히 보인다.

느림보 따라하기
악양면소재지를 지나 최참판댁으로 가는 길에 매암차문화박물관에 들러보자. 소박한 아름다움이 머무는 곳으로서 한 잔의 차향이 남다른 곳이기도 하다.

소설 《토지》의 최참판댁에 오르다

악양면소재지를 지나고 무덤이들을 지나면 드디어 최참판댁이다. 수년

전국에서 '가장 아름다운 마을 숲'으로 선정된 취간림은 인간도 자연의 일부라는 우리 조상의 지혜를 엿보게 한다.

최참판 댁은 소설 《토지》를 바탕으로 만들어진 허구의 공간이지만 우리에게는 너무나 익숙해 마치 실제 사람이 살았던 곳인 듯하다.

전만 해도 이제 막 세트장이 완성되어 그리 예스러운 맛이 없었으나, 이젠 제법 세월이 묻어 오래된 마을 분위기가 물씬 풍긴다.

물레방앗간을 지나고, 용이가 살았던 집을 지나 드디어 최참판댁 대문에 들어선다. 서희가 머무르던 연못이 딸린 별당도 그대로이고, 사랑채에서는 지금도 음흉한 미소를 흘리며 최치수가 앉아 있을 듯하다. 그런데 현재의 사랑채에선 최치수 대신 제대로 복색을 갖춘 훈장 선생 한 분이 방문객들에게 손수 차를 대접하고 있다.

재미있는 일은 사람들이 이곳을 토지의 세트장으로 알고 있는 것이 아니라 실재 존재했던 최참판댁으로 여기고 있다는 점. 사랑채를 나서며 몇몇 사람들이 나누는 말소리가 들린다.

"가세가 많이 기울긴 했나 봐. 일하는 사람들도 없고, 어쩐지 횅해 보이네. 그 많던 재산은 다 어디로 갔을까?"

소설《토지》도, 세트장도 실제 있었던 이야기로 받아들여지고 있었다. 최참판댁 대문을 나서려니 무덤이들이 한눈에 들어온다.

"찢어 죽이고, 말려 죽일 테야!"

서희의 말이 들리는 듯하다. 그렇게 해서라도 서희가 되찾고자 한 바로 그 땅이다.

악양에서 화개장터 가는 길

본래 악양면에서는 최참판댁만 잠시 들러볼 생각이었다. 그러나 고전은 몇 번을 읽어도 새롭듯 악양 또한 몇 번을 다시 와도 새로운 느낌이 드는 곳이어서 시간이 많이 지체되었다. 어쩔 수 없이 하동에서 1박을 한 후 다음날 화개장터로 길을 나섰다.

최참판댁에서 고즈넉한 한산사를 지나 구불구불 산길을 오르면 고소산성이다.《일본서기》는 이 산성에 대해 고령의 대가야가 백제 진출에 대비하며 왜와의 교통을 위해 성을 쌓았다고 전한다. 신라나 백제가 쌓았다는 이야기도 있다. 그러나 이 산성에 얽힌 가장 가슴 아픈 이야기는 가야나 백제의 이야기가 아니라 동학혁명군에 관한 이야기다. 이곳에서는 하동·남해·진주·곤양·의령 등 서부경남 지역 5천여 명의 동학군이 일본군 1개 중대와

화개장터의 터줏대감인
대장장이 아저씨는
오늘도 직접 쇠를 두드려
도끼, 칼 등을 만들고 있다.

전투를 벌이다 전몰했다 한다. 그래서 매년 동학혁명군 위령제가 열리기도
한다.

산성에 오르면 악양면과 무딤이들은 물론 유려하게 흐르는 섬진강까지
한눈에 펼쳐지니 악양면에서도 가장 전망이 아름다운 곳이다. 그러나 정작
시선을 모으는 것은 산성 끝, 일송정이다. 그 자리에서 동학군의 최후를 지켜
보았을 일송정 하나, 하염없이 흐르는 강물을 바라보고 있다.

평사리 공원에서 19번 국도를 따라 화개장터에 이른다. 백사장, 바닷가
도 아니고 온통 첩첩산중에서 만나는 백사장은 드라마틱하다. 섬진강이 첩첩

지리산을 돌고 돌다가 무덤이들을 굽이쳐 흐르며 토해낸 평사리 백사장은 마치 신기루처럼 다가온다. 공원에 몇몇 조각 작품과 장승, 시비들이 서 있긴 하지만 오히려 거추장스럽다. 섬진강이 만든 최고의 걸작품을 가리는 장애물로만 여겨질 뿐이다.

평사리 공원에서 화개장터까지 이르는 19번 국도는 우리나라에서 가장 아름다운 길이다. 벚꽃 피는 봄철이 가장 아름답다지만, 벚꽃이 없어도 아름다움엔 손색이 없다. 슬픈 일이라면, 이 길은 걷기 위한 길이 아니라 차가 다니는 길이라는 점. 그래서 하동군은 19번 국도 아래 길을 하나 더 냈다. 온전히 차들의 방해를 받지 않고 섬진강을 따라 걸을 수 있는 길이다.

은모래에 총총 발자국을 내며 걷다 보면 키를 훌쩍 넘는 갈대밭이다. 철 따라 피는 야생화도 빼꼼히 고개를 내민다. 섬진강 물 먹고 자라는 녹차 밭에선 아낙들이 바구니를 들고 나와 이제 막 새로 나온 찻잎을 딴다. 그 모든 풍경이 섬진강 은빛물결에 졸졸 어우러진다. 19번 국도가 가장 아름다운 드라이브코스라면, 그 아랫길은 가장 아름다운 트래킹코스라 할 만하다. 그리고 그 길 끝엔 화개장터가 있다.

벚꽃과 매화꽃으로 더욱 유명해진 화개장터는 한자 이름도 화개(花開)다. 경상도와 전라도의 경계뿐 아니라 산과 물의 경계, 민물과 바닷물의 경계에 위치해 있으니 풍요로울 수밖에 없는 장터다. 그러나 수년 만에 다시 찾은 화개장터는 많이 변해도 너무 많이 변해 있었다. 장터 주막은 깔끔하고 예스러운 모양새를 갖추려 노력은 했지만 대도시 민속주점 그 이상도 이하도 아니었다. 게다가 모든 지리산 물건은 라벨이 붙은 비닐봉지에 포장되어 있었다. 물론 생산지를 철저히 알려 장을 찾는 사람들에게 제품의 품질을 확실히 보증하기 위함이라지만 어쩐지 공장표 같은 느낌을 지울 수 없다.

화개장터는 가는 길목 곳곳에 벚꽃, 매화꽃이 피어 화개(花開)장터라 불린다.

악양이 소설 《토지》의 무대였다면 화개장터는 김동리 소설 《역마》의 무대이다. 그러나 이곳에서 《역마》에 등장하는 주막이나 소설 속 주인공 옥화와 같은 인물을 찾는 일은 이제 포기해야 할 듯하다.

서둘러 길을 나선다. 어디로 향해도 좋을 일이었다. 이곳에서 조금만 더 가면 천년 고찰 쌍계사, 구례로 가면 노란 산수유를 볼 수 있을 터였다. 경계에 위치한 화개장터가 줄 수 있는 유일한 위안이었다.

하동·광양 도보여행을 위한 Tip

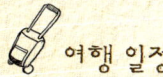 **여행 일정**

도보여행 하동 ···▶ 광양매화마을 ···▶ (버스 이동) ···▶ 악양면(대봉감마을, 무딤이들, 십일천송, 조씨 고가, 최참판댁) ···▶ 한산사 ···▶ 고소산성 ···▶ 평사리공원 ···▶ 화개장터 ···▶ (쌍계사) (45km)

이 코스는 하루로는 무리다. 만약 하루 코스로 둘러보려면 악양면에서 화개장터까지 택시 혹은 버스로 이동해도 빠듯한 시간이다. 1박2일 일정으로 넉넉히 돌아보는 게 낫다.

1박2일 코스 도보여행 + 19번 국도를 따라 남으로 향하면 광양, 순천이 있고, 북으로 향하면 구례와 곡성이다. 그 어느 곳을 선택해도 환상의 여행코스다.

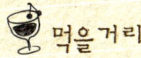 **먹을거리**

재첩국 달리 설명이 필요 없는 최고의 해장국. 담백하고 깔끔한 국물맛이 일품이다. 하동 '동흥식당' 추천.

참게탕 참게는 껍질이 얇아 껍질째 씹어 먹어도 좋은데, 씹을수록 고소한 맛이 나는 점이 특징이다. 참게 먹는 재미도 재미지만, 시래기와 들깨가루가 듬뿍 들어가 매콤하면서 구수한 국물맛 또한 일품이다. 화개장터 '혜성식당' 추천.

은어회 & 튀김 섬진강 맑은 물에서 잡은 은어는 씹으면 수박향이 날 정도로 비리지 않고 달콤하다. 날회로 먹어도 좋고 무침, 튀김으로 먹어도 좋다. 화개장터 '혜성식당'이 유명.

 **숙소**

워낙 유명한 관광지라 숙소 잡기가 어렵지 않다. 화개장터 근처에서는 용강리의 한적한 '쉬어가는누각' 추천.

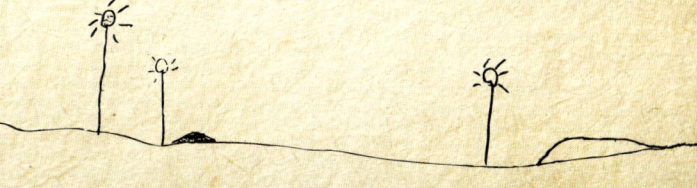

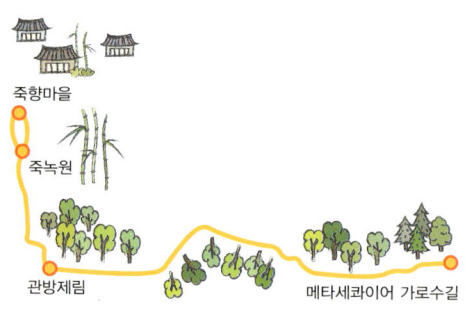

대나무골로 알려진 담양, 그곳에 가면 대숲에서 이는 바람이 시원하게 온몸을 감싼다. 그렇다고 담양의 이미지를 그저 대나무로만 한정 짓는다면 서운할 일이다. 담양의 그 유명한 죽녹원 대숲 건너편에는 우리나라에서 가장 오래된 느티나무 가로수길 관방제림 이, 관방제림 끝에는 영화와 드라마 촬영지로 알려지기 시작하면서 전국적인 명소로 거 듭난 메타세쿼이아 가로수길이 이어진다.

길은 한 동선으로 이어지지만 각각 개성 다른 삼목, 즉 대나무, 느티나무, 메타세쿼이아 나무들이 제각각 뿜어내는 분위기는 삼색이다. 담양, 그곳에 가면 우리나라에서 가장 아름다운 가로수 길을 한 번도 아니고 세 번 만날 수 있다. 그 길을 걷노라면 일상에서 찌든 맘과 몸이 절로 싱그러워진다.

푸르디 푸른 대숲 정원, 죽녹원

이젠 퇴락해 보이나 유서 깊은 담양향교를 지나면 죽녹원이다. 전국 방방곡곡에 수목원과 삼림욕장이 우후죽순처럼 생겨나는 요즘에도 오로지 대나무만으로 이뤄진 정원은 이곳 죽녹원뿐이니 가장 담양답고 담양을 대표할 만한 명소 중 한 곳이다.

죽녹원이 문을 연 건 2003년 5월. 죽공예로 유명한 담양이지만, 값싼 외국산 상품과 플라스틱에 밀려 당시 담양의 죽공예는 쇠퇴일로를 걷고 있었다. 그래서 조성한 것이 대나무 숲. 쓸데없는 일에 돈을 쏟아 붓는다고 반대 여론도 만만치 않았지만 웰빙 열풍을 타고 이 대나무 숲은 소위 '대박'이 났다.

이 길을 거닐다 보면 댓잎 사각거리는 소리가 소음으로 지친 귀를 씻어준다. 푸른 댓잎 사이로 쏟아지는 햇살은 인공적인 색채로 지친 눈을 맑게 해준

담양 죽녹원의 푸른 대숲을 거닐다 보면 온몸의 피로가 사라진 듯 개운하다.

다. 흙이 주는 편안함과 나무가 주는 싱그러움은 온몸을 청량감으로 채운다. 자연스러워진 몸은 영화 〈와호장룡〉에서 장쯔이와 주윤발이 그랬듯 대나무 끝에 올라서도 자유로이 활보할 수 있을 듯하다.

다만, 죽공예품을 판매하는 매장 2층에서는 대숲과 전혀 어울리지 않는 선인장과 다육식물까지 판매하고 있어 공중부양을 준비하던 마음이 갑자기 뚝 떨어진다. 죽녹원 여러 갈래 산책길에는 운수대통길, 죽마고우길, 사랑이 변치 않는 길 등등의 이름을 붙여놓고 스토리텔링을 해놓았는데 그 내용은 조금 억지스럽다. 자연은 그냥 자연일 때 가장 감동적이라는 사실을 왜 깨닫지 못하는 것일까?

TV프로그램 〈1박2일〉 촬영지로 마을이 채 정비도 되기 전부터 전국적으로 유명세를 탄 죽향마을은 오래 전부터 있었던 자연부락은 아니고 한옥체험 공간으로 담양군에서 조성한 마을이다. 죽녹원 산책길 끝에서 조금 더 내려가면 만날 수 있다. 꽤 넉넉한 공간에 지어진 이 마을은 판소리체험과 대나무 이슬만 먹고 자란다는 담양 특산품인 '죽로차' 다도체험 등을 즐길 수 있다. 마을 곳곳에 정자가 짜임새 있게 자리하고 있고, 마을 아래쪽에 조성된 연못은 꽤 운치 있어 산보하기에도 좋다.

느림보 따라하기

죽녹원에 위치한 중요무형문화제 제53호 담양 채상장 서한규 옹의 작품 전시관을 놓치지 말 것. 채상은 대나무를 종이처럼 얇게 다듬어 채색한 후 만든 상자다. 담양죽공예품의 정수를 만끽할 수 있다.

느티나무가 있는 풍경, 관방제림

　　우리나라에서 가장 오래된 가로수길은 바로 죽녹원과 메타세쿼이아 가로수길 사이에 있는 관방제림(천연기념물 제366호)이다. 죽녹원에서 관방제림으로 갈 때는 그냥 다리로 건너지 말고 담양을 가로질러 흐르는 담양천을 징검다리로 총총 건너보자. 징검징검 돌다리 건너는 재미도 남다를 뿐만 아니라 물빛도, 투명하다.

　　다리를 건너면 담양 국수거리가 나온다. 고목 아래 몇 채의 어수룩한 건물들이 모락모락 김을 품어내는데 모두 국수집들이다. 집집마다 오랫동안 끓여낸 육수로 맛을 낸 국수를 싼 가격에 푸짐하게 담아낸다. 여행 중 출출하다

우리나라에서 가장 오래된 가로수길인 관방제림 풍경.

보채는 배를 달래기엔 이보다 더 좋은 곳도 없다.

사실 국수거리에서 국수보다 더 유명한 건 삶은 달걀이다. 여러 가지 한약재를 넣어 푹 삶은 달걀은 집집마다 비법도 달라 맛과 향이 다른데, 비린내가 전혀 없고 퍽퍽하지 않고 담백하다는 점은 동일하다. 게다가 단 돈 천원이면 달걀을 네 개나 먹을 수 있다. 이렇게 채 오천 원도 안 되는 비용으로 배불리 먹고 난 후 식당을 나서면 하늘 가득 풍성한 가지를 드리운 고목나무가 눈을 가득 채운다. 바로 관방제림이다.

관방제림은 담양천의 범람을 막기 위해 쌓은 제방이 유실되지 않도록 하기 위해 인공적으로 조성한 숲이다. 이 숲이 형성된 시기는 정확하지 않다. 그러나 조선 인조 26년(1648) 부사 성이성이 해마다 홍수로 60여 호에 이르는

죽녹원과 국수거리 사이에 있는 담양천 징검다리 풍경.

가옥이 피해를 입자 제방을 쌓은 후 이를 보존하기 위해 나무를 심었다는 기록으로 이 숲의 역사를 짐작할 수 있다. 아마 우리나라에서 인공적으로 조성된 가장 오래된 가로수길이라 할 수 있을 듯하다.

과거 관방제림 안에는 약 700여 그루의 나무가 심어졌다고 하는데 현재는 느티나무, 푸조나무, 팽나무, 벚나무 등 15종의 낙엽활엽수 320여 그루가 자라고 있다. 특히 천연기념물 제366호로 지정된 구간에는 수령 200여 년이 훌쩍 넘는 팽나무, 느티나무 등 177그루의 고목이 장관을 이루고 있다. 이 숲은 2004년도 산림청과 생명의숲가꾸기운동본부, ㈜유한킴벌리가 공동 주최한 제5회 아름다운 숲 전국대회에서 대상을 수상하기도 했다. 그러나 이런 상장은 오래된 세월 앞에 오히려 유치하고 부질없어 보인다.

한 그루의 오래된 느티나무가 주는 감동을 느껴본 적 있는가. 그 앞에서는 걸음을 멈춰야 마땅하다. 경의를 표해야 마땅하다. 그저 오래된 세월에 대한 경의가 아니다. 오래된 나뭇결에는 오로지 세월만이 묻어나는 것이 아니라 말로 표현할 수 없는 어떤 신령함이 느껴진다. 자연스럽게 고개를 숙이지 않을 수 없다. 그건 미신이 아니라 자연 앞에서 숙연해지는 인간의 본능이다.

관방제림, 그 숲길은 걷기 위한 길이라기보다는 머무르기 위한 길이다. 그 깊은 숲에서 오래된 자연이 주는 세월을 음미해 보자. 하잘 것 없는 일에 반복해서 짜증내는 일상이 덧없어진다. 스치지 말고, 나무 한 그루 한 그루 앞에 멈춰서 보자. 한 순간 한 순간이 소중해진다.

느림보 따라하기

엄나무를 찾아보자. 177그루 보호수 중 딱 한 그루, 1번수만이 유일한 엄나무다. 전라도나 충청도 지방에서는 엄나무가 귀신을 쫓아준다 믿었으며, 마을 들목에 엄나무를 심으면 전염

병이 비켜가는 것으로 믿었다. 관방제림의 첫 나무로 왜 엄나무를 심었는지 그 의미를 유추해보자.

미운 오리 새끼에서 백조가 되다, 메타세쿼이아 가로수길

대한민국에서 가장 유명한 가로수길이자 춘천 남이섬과 더불어 연인들의 데이트 코스 1번지로 각광받는 곳. 하지만 이 메타세쿼이아 가로수길이 처음부터 모든 사람들의 사랑을 받은 것은 아니었다.

1970년대는 속전속결의 새마을운동의 시대였다. 황폐한 국토 또한 푸르게 가꾸기 위해 이곳저곳에 나무를 심어대기 시작했다. 그때 이 길에 선택된 수종이 중국이 원산지인 메타세쿼이아 나무였다. 당시 메타세쿼이아는 일반인들에게 잘 알려지지도 않았고 가로수로 조성된 사례도 없었기에 이 나무를 가로수 수종으로 결정한 것은 일종의 실험이나 마찬가지였다. 주민들은 수종이 담양의 정서와 맞지 않는다는 이유 등을 들어 메타세쿼이아 가로수길 조성에 엄청난 반대를 했다. 그러나 시대는 70년대였다. 관에서 밀어붙이는 일을 누가 막을 수 있을까.

나무는 임무를 훌륭히 완수했다. 속전속결의 시대에 맞게 빨리 자라 금세 담양의 길들은 푸르러졌다. 그런데 이번엔 가로수길 조성을 주도했던 관이 가로수를 없애자고 나섰다. 발전을 위해서 뻥뻥 뚫린 고속도로가 필요하니 도로 확장을 위한 가로수의 절단이 불가피하다는 것. 주민들은 담양 명물로 등장한 이 길을 후대에 대대손손 물려주어야 한다며 다시 극구 반대에 나섰는데 이번에는 시대가 바뀌어 주민들이 승리했다.

사계절 변화가 뚜렷한 메타세쿼이아 가로수길은 많은 CF와 드라마 촬영지로 유명하며, 연인들의 데이트 코스로
인기가 좋다.

여하한 말도 많고 사연도 많은 이 길은 각종 CF와 드라마, 영화에 등장하면서 어느새 담양을 대표하는 아이콘 중 하나로 자리잡았다. 산림청과 생명의숲가꾸기운동본부 등에서 주관한 '2002 아름다운 거리 숲' 대상을 수상했고, 2006년 건설교통부 선정 '한국의 아름다운 길 100선'에서 최우수상을 수상함으로써 명실상부하게 한국에서 가장 아름다운 길이라는 타이틀도 차지했다.

메타세쿼이아 가로수길은 사계절 색의 변화가 뚜렷하다. 봄이면 연둣빛 새순을 꽃망울처럼 터뜨리고, 여름이면 녹음을 드리우고, 가을이면 붉게 물든다. 그리고 겨울이면 눈 쌓여 하얀 꽃을 피운다. 우리나라 대부분의 나무와는 달리 올곧게 가지를 쭉쭉 뻗어 자라기에 이국적인 풍치도 자아낸다. 이 길을 거닐다 보면 낭만이라는 단어가 떠오르지 않을 수 없다.

이 길은 느리게 걸을수록 더욱 깊은 맛이 난다. 그러나 짧은 길이어서 종착점에 의외로 빨리 도착할 수도 있다. 그렇다면 발걸음을 다른 곳으로 돌려도 좋다. 담양은 갈 곳이 너무 많아 고민스러운 길이다. 산을 좋아하는 사람들이라면 추월산 쪽으로 걸음을 옮겨 보자. 오래된 풍경이 좋다면 슬로시티로 지정된 창평면으로 가도 좋겠고, 가사문학을 따라 소쇄원과 식영정 쪽으로 발길을 돌려도 좋다. 그 어디로 걸음을 옮겨도 담양의 매력에 흠뻑 젖어들지 않을 수 없다.

느림보 따라하기

여행 날짜가 2와 7로 끝나는 날이라면 담양읍 만성교 건너 담양장에 들러보자. 구수한 남도 사투리와 인심이 어우러지는 담양장은 사람 사는 냄새가 풍겨 즐겁다.

담양 도보여행을 위한 Tip

 여행일정

도보여행 담양향교 ┅ 죽녹원 ┅ 죽향마을 ┅ 관방제림 ┅ 메타세쿼이아 가로수길 (총 8km)

1박2일 코스 도보여행 +

- **산을 좋아하면** 추월산 ┅ 가마골생태공원 ┅ 담양호 ┅ 송학랜드 ┅ 담양온천
- **가사문학 여행을 하고 싶다면** 소쇄원 ┅ 식영정 ┅ 한국가사문학관 ┅ 명옥헌원림 ┅ 송강정 ┅ 면앙정
- **슬로시티 여행을 하고 싶다면** 담양 창평 ┅ 달뫼미술관 ┅ 상월정 ┅ 창평시장

 먹을거리

담양 떡갈비 담양을 대표하는 향토음식으로 쇠갈비살의 기름을 일일이 제거하고 갖은 양념을 해 마치 떡덩어리처럼 푸짐하게 뭉쳐 놓은 갈비. '신식당'과 '덕인당'이 오래 전부터 담양 떡갈비의 양대 산맥으로 유명하다.

대통밥 이름 그대로 대나무 속에 쪄내는 대통밥은 대나무향이 그대로 살아 있고 밥이 차져 일품이다. 한국대나무박물관 앞 '박물관앞집'이 유명하다.

담양 국수거리 국수 & 한방 삶은 달걀 관방제림 앞에 있다. 국수는 평범하나 각종 한약재를 넣어 푹 삶은 달걀 맛이 일품. '진우네'가 유명하다

숯불돼지갈비 잘 양념한 돼지갈비를 숯불에 구워낸다. 20년 전통의 '승일식당'이 유명하다.

창평국밥 돼지국밥이지만 전혀 느끼하지 않고 국물맛이 담백하다. 슬로시티 창평이 전국적으로 이름난 창평국밥의 발상지. '창평시장국밥'이 가장 오래된 집이다.

창평쌀엿 양평대군이 창평에 낙향하여 지낼 때 궁녀가 전수해준 것으로 알려진 유서 깊은 엿. 창평쌀엿은 입안에 달라붙지 않고 아삭아삭 씹히는 맛이 일품이다. 슬로시티 창평의 유영군 명인의 집이 유명.

창평한과 예로부터 한과로 이름이 높았다. 슬로시티 창평의 '안복자 한과'가 유명.

 **숙소**

'담양리조트관광호텔'은 온천을 겸할 수 있어 추천할 만하다. 담양읍내에는 '담양골든리버모텔'과 '그린파크모텔'이 깔끔한 편. 인원이 많다면 '주마을'에서 한옥체험(6인 기준 12만원)을 해도 좋다.

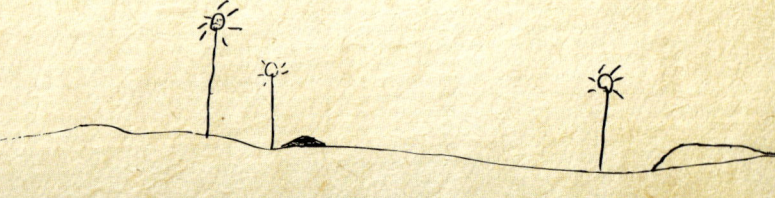

익숙하지만
낮선 소읍 풍경으로 들어가다
예산군 대흥면

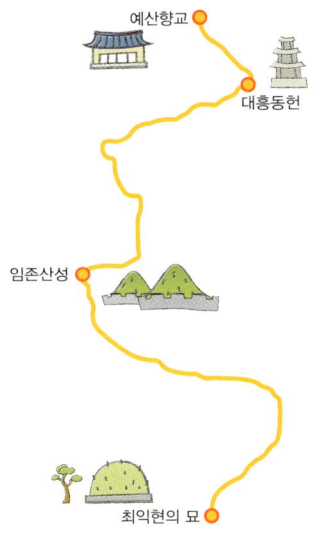

예산향교

대흥동헌

임존산성

최익현의 묘

투박한 뚝배기에 담긴 막걸리 같은 동네가 있다. 7, 80년대 고향집 같은 풍경을 아직도
간직한 투박한 마을길엔 이야기가 흐르고 정겨움이 넘쳐난다. 마을이 시작되고 끝나는
지점에는 호수도 있다. 예당호. 세상과 동떨어진 듯한 이 마을은 그러나 꽤 유명하다. 이
미 국제 슬로시티로 공인된 느림보 마을이자 옛날이야기 '의좋은 형제' 이야기의 두 형제
가 실존했던 마을이기도 하고, 드라마 〈산너머 남촌에는〉의 배경 마을이기도 하다. 그
런데 신기한 건 이렇게 익숙한 이 마을을 사람들은 대부분 이름조차 기억하지 못하고 있
다는 사실이다. 여행자에게 이런 아이러니는 횡재나 다름없다. 누구나 잘 알고 있으나
모르고 있는 그곳을 조용히 홀로 거닐어 볼 수 있는 기회는 그리 많지 않기 때문이다.

예당저수지는 여러 번 갔지만 어쩐지 생소하기만 하다. 오래 전부터 낚시터로 유명한 기존 이미지에만 집착했기 때문일까? 아니면 차로 달릴 때와 두 발로 걸을 때 다가오는 느낌의 차이에서 비롯된 것일까? 수양버들 축축 늘어진 호숫가에 낚싯대를 드리운 강태공들 너머로 흘러가는 부드러운 산줄기, 너무 잔잔해서 마음까지 비칠 듯 잔잔한 물결. 종종 햇살은 구름사이로 반짝이는 알갱이를 호수 위에 무더기로 흩뿌려 놓는다. 이 길을 걷다 보면 내 몸이 걷는다기보다 마음이 걷는 느낌이다.

산 너머 남촌 마을, 대흥면

　예당호처럼 아름다운 호숫가에 펜션 하나 들어서지 않은 것은 의아하지만 다행스러운 일이다. 여전히 낮은 슬레이트 지붕, 밀창문을 열어야만 들어갈 수 있는 구멍가게, 식당 유리창에 써 있는 자장면, 왕족발, 순대국 같은 손글씨들…. 동네 들머리엔 장승도 아닌 미륵불 한 기가 수호신처럼 마을을 지키고 있다. 다가가 보니 머리엔 아직도 김이 모락모락 올라오는 시루떡이 정성스레 올려 있다. 시간은 1970년대에서 한 치도 더 앞으로 나아가지 않은 듯해 보였다. 타임머신을 타고 왔나.

조용하고 한적한 예당호는 전국에서 가장 낚시하기 좋은 곳으로 유명하다.

　　논두렁 밭두렁 사이를 걷다 제법 넓어 보이는 도랑을 지나자 그 끝에 오래된 향교와 은행나무가 있다. 대흥향교는 단정한 기단과 건물들이 두어 그루의 고목과 어우러져 아담했다. 사실 향교보다 더욱 눈길을 끈 것은 수령 600년의 거대한 은행나무. 이 은행나무는 나무 중앙 큰 가지의 갈라진 틈에 제법 커다란 느티나무 한 그루를 품고 있었다. 느티나무는 은행나무 품에 안겨 놀랍게도 뿌리까지 내렸다. 감동적이면서도 신비한 공생이다.

지금은 드라마 촬영을 위해 살림집같이 꾸며져 있지만 사실 대흥동헌은 조선시대 수령이 업무를 보던 관아였다.

자연은 때때로 신성한 감정을 절로 이끌어낸다. 교촌리 마을 주민들은 이 나무를 베면 마을에 동티가 난다 여기고 있어 지금도 매년 마을의 무사태평을 기원하는 성황제를 올린단다. 미신으로 여길 수도 있겠지만, 그것은 어쩌면 자연과 공생하는 인간의 자연스러운 일처럼 느껴졌다

느림보 따라하기

미륵불이 있는 동네 들머리에서 마을 안쪽으로 계속 들어가 보자. 조선 말기 영의정을 지낸 조두순이 살았다 전하는 이한직 가옥(충남문화재자료 제287호)이 아직도 옛 영화를 추억하고 있다.

대흥면은 점점 잊혀져가는 옛날이야기의 고장이기도 하다. 심청전의 〈연기설화〉에서 심청의 고향이 바로 대흥이고, 형님 먼저 아우 먼저로 떠올려지는 〈의좋은 형제〉 이야기의 형제들이 실존했던 마을이다.

대흥동헌 앞에 서면 가장 먼저 낟가리를 져 나르는 형제상이 가장 먼저 눈에 띈다. 의좋은 형제 동상이다. 추수가 끝난 후 형과 동생이 서로를 위하는 마음에 밤새도록 상대의 벼 낟가리에 볏단을 날랐다는 이야기. 그런데 한

옛날 이야기 〈의좋은 형제〉와 《심청전》의 원형설화인 〈원홍장〉 등의 배경인 대흥면에서는 해마다 '옛이야기축제'가 열린다.

가정 한 자녀가 일반화된 요즘에는 형제간의 우애를 권하는 이야기가 설 자리가 좁아 보인다.

지금은 자그마한 시골 면소재지로 전락했지만, 조선 중기만 해도 대흥군은 인근 예산현이나 덕산현보다 높은 직급의 관리가 파견되던 곳이었다. 그러던 것이 일제강점기 시절 행정구역이 개편되면서 예산군에 편입되었고, 동헌은 면사무소로 전락한다. 세월과 함께 위용 있던 전각들도 점차 사라져 갔다. 지금의 모습으로나마 동헌이 복원된 것은 1979년 면사무소가 신축 이전하면서부터. 그리고 전원드라마 〈산너머 남촌에는〉의 종가집 세트장으로 등장하고 있으니, 그것이 지금 대흥면의 현 주소이기도 하다.

규모가 많이 축소된 동헌은 드라마에서처럼 어쩐지 관아건물이라기보다는 잘 지어진 대가집 느낌이다. 다만 수령 수백 년의 느티나무만이 그나마 사라진 옛 영화를 겨우겨우 지탱하고 있다. 세월 앞에는 장사 없다는 이야기는 사람에게만 해당되는 이야기가 아니었던 모양이다.

산성따라 길을 걷다

　　마을 뒷산 봉수산은 의외로 높지 않아 30분 남짓 걷자 중턱에 있는 자연
휴양림에 이르고, 그곳에서 천천히 오르자 봉수산 정상이 나왔다. 봉수산에
올라서자 시원한 예당호가 발 아래 펼쳐진다. 한 시간 남짓 오른 산행으로 맞
이하기엔 송구할 정도로 시원한 풍경이다. 전망이 아름다운 능선길 남쪽으로
걸어갔다. 드디어 임존산성이 보이기 시작했다.

　　임존성은 백제의 마지막 장수, 흑치상지가 부흥운동을 이끌었던 근거지
로 알려져 있다. 예산군에서는 수레길이라 하여 병사들이 군사보급품을 날랐
던 성벽길을 복원해 놓았는데, 그 옛날 백제시대 난공불락의 성으로서 위용을
드러내고 있었다. 그러나 세월 앞에 난공불락이라는 단어가 얼마나 부질없는
가. 백제 부흥운동 세력이 내분으로 와해되어 가는 끝에 흑치상지는 결국 항
복하고 당으로 건너갔고, 그곳에서 많은 무훈을 세웠으나 결국엔 모함을 당하
여 옥에서 죽었다 전해진다. 지금 복원된 성벽과 성의 건물지가 있었던 곳의
자그마한 우물터가 백제를 추억할 수 있는 유일한 흔적이다.

느림보 따라하기

　　휴양림에서 봉수산 오르는 길은 여러 갈래다. 때때로 표지판이 혼동될 때도 있으므로 휴
양림 관리사무소에서 등산안내도와 임존산성 가는 길을 숙지하여 오르도록 하자.

　　산성에서 내려가는 길에 대련사라는 고요한 사찰을 만났다. 고려시대에
조성되었을 것으로 추측되는 삼층석탑과 조선시대에 조성되었을 맞배지붕의
극락전이 문화재로 지정되어 있긴 했지만 흥미를 잡아끈 것은 무심코 읽어본

수레가 지나갈 수 있을 만큼 큰 산성이었던 임존산성은 백제시대 때 난공불락의 성으로 이름을 떨쳤다.

한 구절의 절에 대한 역사였다.

백제 의자왕 시절인 656년에 창건된 이 절은 백제의 고승으로 알려진 의각과 백제부흥운동을 이끈 도침이 창건한 사찰이라고 기록되어 있다. 백제 부흥운동의 마지막 격전지였던 임존성 아래에서 비록 백제 문화재 한 점 남아 있지 않았지만 백련사는 그렇게 백제와의 끈을 잇고 있었다.

내려오는 길에 한 할아버지를 만나 예당호가 물에 잠기기 전 풍경을 들었다.

"그때처럼 좋은 때가 있었을까. 삽교천 물이 어찌나 맑았는지. 붕어는 아무것도 아니야. 모래지치 같은 게 지천이었거든. 은모래는 얼마나 고왔던지.

없던 시절 아닌가? 그래서 그때는 그 은모래로 양치질을 했어."

시냇물에 멱 감고 은모래로 양치질하던 '없던 시절'은 그러나 상상만으로도 풍요로워 보였다. 할아버지는 그 시절 고향을 그리워하고 계셨고, 나는 지금의 예당호에서 고향의 풍경을 보고 있다. 어쩌면 고향은 실재가 아니라 마음에 머무는 곳 아닐까.

마을을 벗어나 예당호를 따라 최익현 선생을 찾아 나섰다. 유학자이자 의병장이었던 최익현 선생. 원래 선생의 묘는 논산군 상월면의 국도변에 있었다. 그러나 수많은 참배객들이 몰려들자 일제는 1910년 도시에서 멀리 떨어진 이곳으로 옮기라 명했다. 일제에 체포된 후 쓰시마 섬으로 유배되었을 때 적이 주는 음식은 먹을 수 없다며 단식했다는 선생. 시대가 변해서일까, 아님 일제의 책략이 맞아 떨어진 걸까. 바로 옆 호반에는 사람들이 많아도 묘까지 오는 사람은 없다. 묘 바로 앞 퇴락해가는 민가는 쓸쓸함만 더했다.

느림보 따라하기

여유시간이 있다면 예당호에서 멀지 않은 곳에 백송으로 유명한 추사고택이 자리하고 있다. 버스를 타고 추사고택에도 들러보자. 예산에는 유명한 덕산온천도 있다. 도보여행 끝 온천욕으로 쌓인 피로를 말끔하게 씻어보는 것도 좋다.

예산 도보여행을 위한 Tip

 **여행 코스**

도보여행 예당저수지 ┅➤ 이한직가옥 ┅➤ 대흥향교 ┅➤ 대흥동원(의좋은 형제비) ┅➤ 봉수산자연
휴양림 ┅➤ 봉수산 ┅➤ 임존성 ┅➤ 대련사 ┅➤ 최익현선생묘 (총 14km)

1박2일 코스 도보여행 + 남연군묘 ┅➤ 충의사 ┅➤ 수덕사 ┅➤ 한국고건축박물관 ┅➤ 덕산온천

 먹을거리

민물어죽 각종 민물고기를 삶아 뼈를 발라낸 후 그 살과 쌀로 만든 죽이다. 전혀 비리지 않고
칼칼하면서도 고소한 맛이 일품이다. 반유동식이라 노인이나 어린이가 먹기에도 좋고, 영양
가가 높아 회복기 환자에게도 좋다. 예당호에 있는 응봉면 '할머니어죽' 강추.

붕어찜 칼칼한 양념맛이 자극적이지만, 담백한 붕어살을 발라먹는 재미가 쏠쏠하고 양념 잘
밴 시래기맛 또한 일품. 붕어낚시 1번지인 예당저수지답게 모두 예당저수지에서 직접 잡은
붕어를 사용하니 믿을 만하다. 예당호 쪽에 전문식당이 많다. 응봉면 '할머니어죽' 강추.

광시 한우 대흥면에 접한 광시면에 한우마을이 형성되어 있다. 정육점과 음식점들이 직접 소
를 사육하고 유통까지 담당하고 있어 품질이 일정하고 신선도가 높다. 쇠고기 생산 이력제를
철저히 지킴은 물론 암소가 아니면 유통시키지 않을 정도로 철저하게 품질관리를 하고 있어
항상 최상의 쇠고기를 맛볼 수 있다.

 **숙소**

온천으로 유명한 덕산 쪽에 좋은 숙소들이 많다. 중저가 호텔로는 '덕산온천관광호텔' 추천.
예산읍 쪽에서는 '그랜드모텔' 추천.

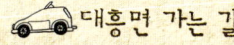 **대흥면 가는 길**

예산터미널 ┅➤ 대흥면 (1일 11회, 20분 소요. 터미널에서 가까워 택시 이용 가능)

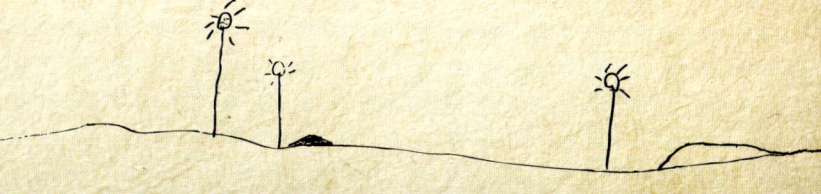

바다,
길에도 파랑이
물들다

두 번째 느리게 걷기

가장 아름다운 산바닷길
변산반도 마실길

변산은 한국8경으로 손꼽히는 곳이다. 내변산과 외변산으로 나뉘는 변산반도 국립공원
은 국립공원 중 유일하게 산과 바다를 아우른다. 아름답지 않을 수 없는 곳이다. 이미
오래전부터 새만금방조제에서 곰소염전에 이르는 해안도로는 대한민국에서 가장 아름
다운 드라이브 코스로 명성이 높았다. 이제는 마실길이 열렸다. 크게 세 구간으로 나뉜
이 길은 변산의 해안길을 따라 66km나 이어지는 도보여행 코스다. 변산해변, 격포해변,
채석강, 모항, 곰소염전 등 이름만 들어도 가슴 떨리는 서해의 명소들이 수두룩하다. 길
을 걷노라면 마치 제주올레와 지리산둘레길을 합쳐놓은 듯한 매력에 흠뻑 젖어든다.

　고민스럽다. 어느 길 하나 놓치기 아쉽고 항상 시간이 문제다. 이럴 땐 마음 따라 가는 것이 최선이다. 지도책을 펴놓고 꼭 가보고 싶은 곳들을 우선 손꼽는다. 연필로 줄을 긋는다. 그리고 길을 나선다. 부안에서 탄 버스는 구불구불 정겨운 마을을 지나고 들판을 지나 이름도 예쁜 바람모퉁이에 이르렀다. 그곳부터는 드디어 바닷길의 시작이다. 흔히 관광포스터에는 과장이 있기 마련이지만 산·들·바다로 홍보되는 부안의 관광 홍보는 오히려 부족한 감이 있다. 개인적으로는 여전히 유감으로 생각하고 있지만 새로운 관광 명소로 떠오른 새만금방조제를 지나고 송림과 백사장이 아름다운 변산해변을 지난다. 한순간도 놓치기 아쉬운 주옥 같은 풍경들을 속수무책 창밖으로 그저 보내다 드디어 버스는 죽암마을 들머리에서 멈춰 섰다.

개양할미의 바다, 격포

　5년 만에 찾은 격포엔 그 사이 거대한 리조트가 들어서 있었다. 비록 국립공원이라지만 변변한 숙박시설 하나 없어 찾는 사람들이 갈수록 줄어들어 안타까웠는데 으리으리한 리조트가 들어서서 반갑기도 하다. 그러나 맘속으로는 꾸밈없는 바다로 남아주길 바랐던 모양이다. 변한 모습이 어색하여 얼른 리조트를 지나 죽막마을 바닷가로 향했다. 적벽강의 시작이다.

적벽강은 삼국지에 등장하는 중국의 적벽강을 연상케 할 만큼 경치가 뛰어나다 해서 붙여진 이름이다. 약 20m에 달하는 붉은 빛의 해안절벽은 위협스러울 느껴질 만큼 웅장하다. 절벽의 모양은 걸음에 따라 시시각각 변해서, 토끼모양이 사라지면 곧 사자가 등장한다. 해질 무렵 바위가 진홍색으로 물들 때는 신묘한 느낌마저 든다. 무수한 전설이 얽히지 않을 수 없는 곳이다. 전설 따라 적벽강 수직 절벽 꼭대기에 선 수성당으로 향한다.

서해바다를 관장하는 여해신(女海神), 개양할미를 모시는 사당이다. 언제부터인지 모르나 사람들은 이곳에서 어부들의 안전과 풍어를 기원하는 제를 올렸다. 지금도 정월 보름이면 300여 명의 무당들이 모여 큰 굿을 여는데 전

적벽강은 중국의 아름다운 적벽강을 연상케 할 만큼 빼어난 경치를 자랑해서 붙여진 이름이다.

40억 년 전부터 지금까지 켜켜이 쌓인 세월을 보여주는 채석강은 우리나라 자연에 대한 놀라운 발견이다.

국에서 용하다 소문난 무당은 다 모인다고 한다.

개양할미는 키가 거대했던 모양이어서, 나막신을 신고 바다를 걸어 다녀도 버선도 젖지 않았단다. 한데 하루는 곰소의 계란여에 이르러 그만 발이 빠지고 치마까지 젖었다. 화가 난 할미는 치마에 돌을 가득 담아 그 계란여를 메워버렸다. 그래서 지금도 곰소 사람들은 깊은 물을 보면 '곰소 둠벙 같다'라는 말을 쓴다. 제주를 창조했다는 거녀신, 설문대할망 이야기와 많이 닮아 있다.

1992년 전주박물관에서 이 일대를 조사했을 때 5세기 중반에서 6세기 전반의 것으로 추정되는 다양한 토기와 동물 모양의 토제품이 발굴됐다. 이 유물들은 중국, 일본, 가야, 백제 등 다양한 국가들에서 온 것이었다. 제사와 관련되었다는 이 유물들은 서해 바다를 관장했다는 개양할미의 전설과 연관시켜 생각하지 않을 수 없었다. 어쩌면 이곳은 장보고의 청해진 이전 서해를 관장하던 해양세력의 중심지였을지도 모른다.

격포해변은 대천해변, 만리포해변과 더불어 서해안의 3대 해변으로 손꼽히는 해변이다. 주변 경치 또한 아름다워서 아주 오래전부터 무수한 드라마와 영화가 촬영되었던 곳이기도 하다. 해변에 들어서니 으레 그렇듯 연인들이 많이 눈에 띈다. 그들은 알기나 할까? 격포에 오면 이별이 있다는 속설을. 그래서 한때 격포는 연인들의 데이트 기피 해변으로 손꼽혔다. 혹은 연인들의 이별여행 장소로 각광을 받기도 했고. 그런데 이 해변의 테마가 왜 이별로 굳어졌는지 모르겠다. 이곳에서 촬영된 드라마 장면들 대부분이 이별 이야기였기 때문일까. 해변가 암반이 마치 수십 개의 칼을 비스듬히 세워둔 모양이기 때문일까.

시루에 쪄서 통째로 꺼낸 무지개떡마냥 가로결 줄무늬가 부드럽게 이어지는 채석강을 처음 만난 사람이라면 한국의 자연에 대한 새로운 발견에 놀라움을 금치 못할 것이다. 사람들은 이런 채석강의 모습을 수만 권의 책이 쌓인 것 같다 표현한다. 그러나 40억 년 전부터 현재까지 켜켜이 쌓인 세월은 그 어떤 표현을 써도 역부족일 듯하다. 격포 채석강에서의 노을은 우리나라에서 가장 아름다운 해넘이 풍경으로 유명하다.

느림보 따라하기

도보여행과 어울리지 않아 보이긴 하지만, 놀이기구를 좋아하는 사람이라면 격포 바이킹은 꼭 타보자. 크진 않지만 전국에서 최고의 스릴을 맛볼 수 있는 바이킹이다.

모항 가는 길

길은 어느새 복잡해져 있었다. 전국의 산하를 막힘없이 가로지르는 산업국도와 고속도로는 변산반도에마저 거미줄을 쳐놓고 있었다. 길은 너무 복잡해서 네비게이션이라는 기계의 도움이 아니라면 목적지를 찾을 수 없을 듯하다. 네비게이션은 변산반도의 대표적인 명소 '격포'까지 찍고 난 후 나머지 풍경은 거세하고 후다닥 '내소사'로 안내한다. 감성 없는 기계에 의존할 땐 그만한 대가가 따른다. 변산반도의 가장 아름다운 길인 격포에서 모항, 곰소에 이르는 길은 영원히 보지 못하게 될 테니까.

채석강과 적벽강으로 인해 웅장하게 느껴지는 격포해변과 달리 상록해변은 드넓은 아치형 백사장이 우선 시원스럽다. 해변가엔 깊은 소나무 숲이 있어 잠시 지친 다리를 쉬어가기에 최고의 장소. 해변을 천천히 거닐다 보면 은근히 아기자기한 해변의 모습에 젖어든다. 파도에 흔들리는 자그마한 배들, 종종 지나가는 고깃배, 그리고 해변을 총총 거니는 도요새 몇 마리.

상록해변 끝의 전북학생해양수련원에서는 솔섬이라 불리는 작은 섬이 보이는데, 해질 무렵 그 섬으로 해가 떨어지는 풍경은 전국에서 가장 아름다운 낙조 풍경으로 손꼽힌다. 아직 해가 지려면 멀었으나 예전에 보았던 솔섬으로 지는 노을빛을 떠올리며 모항으로 길을 나선다.

상록해변에서 모항으로 이어지는 길은 우리나라에서 가장 아름다운 해안길이라 단언할 수 있다. 사포 위에 크레용으로 그린 산수화라고나 할까? 내변산이 바다로 치달아 이뤄진 벼랑길은 화려하면서도 어쩐지 투박하다. 특히 황갈색 기암절벽의 질감은 대한민국 어디에서도 볼 수 없는 변산만의 매력이다. 게다가 절벽 끝은 서해.

아치형 해변과 섬마을이 어우러져 그림 같은 풍경을 자아내는 모항.

　　흔히 서해의 바다빛이 동해처럼 파랗지 못하다고 하지만 그건 고정관념일 뿐이다. 보고 또 보아도 질리지 않는 아련한 카키빛이 바로 서해의 매력이기 때문이다. 바다 건너는 선운산자락이 부드러운 곡선을 그리고 서 있다. 그 어딘가 숨어 있을 동백꽃 선운사를 상상하는 것만으로도 즐거운 일이다. 모항 까지 가는 길은 꽤 길지만 한 번도 지루하거나 힘든 틈을 주지 않는다.

　　벼랑길을 굽이굽이 돌아 모항에 들어선다. 들머리엔 그림 같은 해변 하나, 자그마한 땅덩이에 다닥다닥 붙은 집들, 자그마한 포구에서 옹기종기 휴식을 취하는 고깃배들, 그리고 그물을 손질하는 어부들의 손길. 참 정겹다.

한참을 모항에 머무르다 복병을 만났다. 내소사로 향하는 버스 시간을 물어보니 내소사나 곰소로 가는 버스가 없단다. 해안도로를 지나가는 차들을 세워본다. 이 길을 가는 차들 대부분이 내소사, 혹은 곰소를 거쳐 가게 마련이다. 세상이 각박해졌다지만, 서너 번 만에 차 한 대가 멈췄다. 그들 역시 내소사로 가는 중이란다.

느림보 따라하기

모항에서 곰소까지는 14km. 마실길이 계속 이어지긴 하지만 하루 일정으로는 힘들다. 버스가 없기 때문에 곰소 쪽에서 콜택시를 불러 이동해야 한다. 지나가는 차량을 한번 세워보자. 도보여행의 또 다른 매력이다. 1박2일 일정이라면 마실길 전 구간을 걸어 봐도 좋을 일이다.

내소사 전나무숲을 걷다

내소사는 633년 백제 승려 혜구두타가 창건했다 전하며, 특히 전나무숲과 조선 중기의 사찰건축을 대표하는 대웅전이 유명한 절집이다.

절문을 들어서니 그 유명한 전나무숲길이 시작된다. 내소사는 임진왜란 후 폐허가 되어 다시 중건했지만 절집이 너무 휘휘했다 한다. 그래서 심은 것이 전나무. 자그마한 나무들이 이젠 깊은 숲을 이루었다. 아픈 기억은 이미 푸르러져 그 길을 걷는 사람의 마음까지 어루만져 준다. 상념은 사라지고 온몸에 청명함만 남는다.

내소사 대웅전은 우리나라에서 가장 아름다운 사찰건축으로 손꼽힌다.

특히 대웅보전의 꽃살문은 세상에서 가장 아름다운 문일 것이다. 꽃살문의 경우 보통 화려한 단청을 하기 마련이지만, 정교한 내소사 꽃살문은 그저 장인의 손길 하나하나와 나무결 하나하나가 단청이나 다름없다. 굳이 꾸밈이 필요 없는 아름다움이다.

공양 중에 꽃 공양이 제일이라 했다. 일일이 정교하게 깎아 만든 꽃살문은 지극한 마음으로 진리 앞에 나아가겠다는 서원이기도 할 터였다. 정갈한 마음으로 법당에 들어선다. 대웅전 안에는 영산회괘불탱화(보물 제1268호), 백의관음보살좌상 벽화 등 놓칠 수 없는 불교예술이 가득하며 완전무결한 아름다움을 이룬다.

도를 통달한 승려의 마음과 같이 심신을 청량하게 해주는 내소사의 전나무 숲길.

그러나 세상에 완전무결이란 존재할 수 없다는 것을 알리기 위함일까? 내소사 대웅전에도 결점은 있었다. 대웅전 안, 비어 있는 충량 하나와 미완의 벽화가 바로 그것. 여기에는 재미있는 설화가 전한다. 사찰을 중건할 당시 심술궂은 사미승이 목재 하나를 숨겼기에 지금도 충량 하나가 비어 있는 것이며, 100일 동안 엿보지 말라던 당부를 깨고 마지막 날 사미승이 슬쩍 엿보았기에 대웅전 벽화를 그리던 극락조가 날아가 버려 벽화 한부분이 아직도 미완으로 남게 되었단다.

지금도 여전히 비어 있는 충량과 벽화는 어쩌면 마음을 비우라는 우회적인 상징일 수도 있겠다. 비움이 있어야 채움도 가능한 게 아닌가! 미완으로

곰소항에서는 1년 내내 철마다 잡힌 다양한 생선이 밀려지고 젓갈로 담겨지는 진풍경을 볼 수 있다.

남은 대웅보전이 완전무결해 보이는 까닭은 그 때문인지도 모르겠다.

느림보 따라하기

종고를 떠나 내소사 대웅전 안은 꼭 들러보자. 내소사 꽃살문은 안쪽에서 볼 때 가장 아름답다. 내소사 중건설화의 비밀을 간직한 비어 있는 충량이나 완성되지 못한 벽화를 찾아보는 일도 재미있다. 대웅전 백의관음보살좌상의 눈빛도 주시해 보자. 만약 눈빛이 당신을 따라온다면 당신은 소원 하나를 이룰 수 있다 한다. 물론 정숙해야 함은 기본이다.

갯벌에 걸러져 더욱 풍부한 미네랄을 함유하는 곰소염전의 소금은 그 끝맛이 달다고 할 정도이다.

곰소 소금밭 가는 길

곰소에 가까워지자 가장 먼저 젓갈냄새가 코를 찌른다. 곰소항은 대한민국 젓갈 1번지. 가을 김장철이 되면 김장에 쓸 젓갈을 사기 위해 전국에서 몰려든 사람들의 차량이 줄을 잇는 진풍경이 벌어지기도 한다.

곰소시장 안으로 들어서면 젓갈세상이라 할 정도로 각양각색의 젓갈들이 산더미처럼 쌓여 있고 축축한 갯비린내를 풍겨댄다. 역하다기보다는 밥 한 공기 생각이 간절해진다. 군침을 꿀꺽 삼키며 몸속에 흐르는 한국인의 유전자를 실감하지 않을 수 없다. 주꾸미, 바지락, 꽃게 등 서해안의 갯벌이 키워낸 풍성하고도 싱싱한 해산물 구경 또한 즐겁다. 간수가 쭉 빠진 깨끗한 천일염으로 해산물을 버무리고 변산반도의 바람과 서해의 노을로 다시 오랜 시간을 숙성시킨 곰소젓갈. 대표적인 슬로푸드다.

곰소 젓갈이 명품이 될 수 있었던 건 특히 소금 때문. 곰소 천일염은 세계에서도 제일이라 소문났다. 다른 소금에 비해 미네랄 함량도 월등히 높고 짠맛보다 단맛이 강한 게 특징이다. 한때 값싼 외국산 암염으로 사라질 위기에도 처했지만, 결국 가격보다는 품질이 승리를 거둬 이제 곰소 천일염은 명품으로 대접받고 있다.

소금도 명품이지만 칸칸이 물을 가득 채운 곰소염전의 풍경 또한 명품이다. 염전을 거닐어 본다. 물 가득 채운 염전은 영혼까지 절일 듯 하늘과 내 모습마저 제 속에 담근다. 나르시스처럼 염전에 담긴 내 모습을 하염없이 바라보다 보니 느릿느릿 해가 기울기 시작한다. 염전 역시 황금빛으로 변하기 시작했다. 그곳은 바다가 선물한 황금밭이었다.

변산반도 마실길 도보여행을 위한 Tip

 여행일정

도보여행 적벽강 ⋯▶ 수성당 ⋯▶ 격포해수욕장 ⋯▶ 채석강 ⋯▶ 해식동굴 ⋯▶ 격포항 ⋯▶ 상록해변
⋯▶ 모항 (택시 또는 자가용 얻어 타기) ⋯▶ 내소사(버스 ⋯▶ 곰소항 ⋯▶ 곰소염전 (총22km)

1박2일 코스 도보여행 +

- **걷기가 좋다면** 변산반도 또 다른 마실길 (www.buan.go.kr/02tour/01tour/tour03/index.jsp)
- **산을 좋아하면** 내변산 등산

 먹을거리

백합죽 변산의 청정한 갯벌이 키워낸 보석, 백합으로 끓인 죽은 고소하고 깔끔한 맛이 일품.
부안댐 앞 '계화회관'이 오래전부터 유명하다. 도보여행 길에선 모항으로 이어지는 해변길에
포장마차식의 식당들을 많이 볼 수 있다. 그중 '전망좋은집' 백합죽도 먹을 만하다.

주꾸미&전어&새우 쌀알처럼 알이 송송 밴 봄철 주꾸미, 그리고 가을철엔 집 나간 며느리도
불러들인다는 전어, 그리고 왕새우가 잡히는 곳. 곰소항 어느 식당에서도 맛있는 주꾸미와 전
어회, 왕새우소금구이를 맛볼 수 있다.

젓갈정식 젓갈 1번지답게 맛깔스러운 젓갈로 밥 한 끼를 먹을 수 있는 집들이 많다. 곰소항
근처의 '자매식당', '곰소쉼터회관'이 유명.

생선회&생선매운탕 바닷가인지라 생선회와 매운탕 또한 빼놓을 수 없다. 여행길에서는 격포
터미널 앞 '군산횟집' 추천.

 **숙소**

숙박업소 대부분이 낡았다. 대표적인 숙소로는 격포의 '대명리조트'. 저렴한 숙소로는 격포의
'채석리조텔오크빌', '채석강 스타힐스' 추천. 변산반도 모항이나 격포 쪽 펜션들의 경우 의외
로 가격이 싼 편이어서 펜션숙박도 권할 만하다.

문화예술의 거리를 걷다
통영

충렬사
동피랑마을
청마기념관
페스티벌하우스
해저터널
전혁림미술관

대한민국의 대표 미항 통영. 통영이 정말 아름다운 까닭은 통영이 품은 사람들 때문이다. 작가 박경리, 유치환, 김상옥, 김춘수, 김용익, 유치진, 화가 김형로, 전혁림, 그리고 음악가 윤이상. 대한민국을 대표하는 이 모든 예술인들은 통영이 젖 먹여 키운 사람들이다. 통영엔 지금도 그들의 흔적이 혈관처럼 흐르고 있다.

통영의 아침은 눈부셨다. 햇살이 바다를 간질이면 바다는 반짝이는 웃음을 알알이 쏟아낸다. 문화광장에 도착하니 강구안 부둣가에 떠 있는 거북선이 눈에 띈다. 서울시의 기증으로 한강에서 통영까지 오게 된 그 거북선이다. 문화의 거리를 지나 중앙동 시장으로 갔다. 점포마다 멸치와 미역, 다시마, 말린 가자미가 그득 쌓여 있다. 아침부터 시장은 북적였다. 길은 좁아 마주 오는 사람들과 어깨가 부딪치기도 하지만, 오히려 반갑고 즐겁다. 통영은 충무김밥이 유명하지만, 아침식사로는 장어를 푹 곤 물에 끓여낸 시락국만한 게 없다.

그림과 시가 흐르다, 벽화마을 동피랑과 청마거리

동피랑, 동쪽 벼랑이란 뜻이다. 이름 그대로 숨 가쁜 계단에 다닥다닥 붙은 지붕들이 금방이라도 쏟아질 듯 벼랑 끝에 서 있는 달동네다. 일제 시절, 통영항과 중앙시장에서 인부로 일하던 사람들이 모여 살면서 형성된 이 마을은 도시 미관에 해가 된다는 이유로 한때 철거 위기에 놓였었다. 이를 안타깝게 생각한 시민단체가 '동피랑 색칠하기, 전국벽화공모전'을 열었고 동피랑은 전국에서 가장 예쁜 마을로 재탄생했다. 통영시도 철거계획을 철거하고 오히려 이곳을 예술마을로 지정하게 되었다.

길은 좁고 꽤 가파르지만 날개벽화 앞에서 천사처럼 사진 한 장 찍고 나면, 몸은 새가 된 듯 가벼워진다. 꽃밭 속을 거닐다 바다 속 문어와 악수도 해본다. 골목 끝에는 하늘을 날 듯 자전거 한 대가 지붕에 놓여 있다. 높은 달동네라서 전망은 시원하고 사람들 얼굴은 환하다. 값비싼 아파트에선 볼 수 없는 웃음이다.

느림보 따라하기

알아서 주의하자. 마을에서 이런 글귀를 발견했다. "무십아라! 사진기 매고 오모 다가? 와 넘우 집 밴소깐꺼지 디리대고 그라노. 내사 마, 여름 내도록 할따 벗고 살다가 요새는 사진기 무섭아서 껍닥도 몬 벗고, 고마 덥어 죽는 줄 알았능기라."

우리나라 최초의 서양화가였던 김용주, 1956년 미국에서 〈꽃신〉을 발표하면서 영어권에서 가장 아름다운 단편소설을 쓰는 작가로 손꼽힌 김용익의 생가를 지나면 청마문학관이다. 원래 살았던 집은 도심에 있어 사라진 지 오래.

청마거리로 간다. 멀리 청마가 늘 이영도 시인에게 편지를 보냈다던 중앙우체국의 빨간 우체통이 보이기 시작하자 가슴이 뛰기 시작한다. 청마는 17살에 이미 결혼을 하였고, 이영도 시인은 21살에 남편과 사별한 청상 신세. 이루어질 수 없는 사랑이었음에도 청마는 매일 그녀에게 편지를 써서 이 우체국에 와서 부쳤다. 우체국 맞은편 2층은 이영도의 집. 슬쩍 불러내 이야기를 해도 될 것을 바람에 스칠 듯 말 듯 20년 간 보낸 편지가 5천 통. 그때 나온 시가 '행복'이다.

재개발로 사라질 뻔했던 동피랑길은 재미있는 벽화로 지금은 통영의 빠뜨릴 수 없는 관광코스가 되었다.

'사랑하는 것은 / 사랑을 받느니보다 행복하나니라 / 오늘도 나는 너에게 편지를 쓰나니 / 그리운 이여, / 그러면 안녕!'(시 '행복' 중에서)

갑작스러운 교통사고로 유치환이 사망한 후, 이영도는 유치환의 시 200 여통을 추려 서간집 《사랑하였으므로 행복하였네라》를 낸다. 청마거리는 초 정거리로 이어진다. 이곳은 대표적인 시조시인 초정 김상옥을 기념하는 거리 다. 좁은 골목길 안에 그의 생가와 '내가 그의 이름을 불러 주기 전에는 / 그는 다만 / 하나의 몸짓에 지나지 않았다'로 유명한 '꽃'의 시인 김춘수의 시비도 보 인다.

통영, 이곳은 왜 그리 추억할 만한 사람도 많을까. 내가 그를 허투루 돌았 을 때 그는 그저 작은 도시에 지나지 않았다. 내가 그의 속살을 디뎠을 때 그 는 나에게로 와서 꽃이 되었다. 이 기념비적인 거리를 한참이나 서성대다 세 병관으로 향한다.

문화가 흐르는 마을, 문화동

문화동으로 접어드니 커다란 돌장승이 하나 보인다. 문화동 벅수로 불리는 이 장승은 1906년 마을의 전염병과 액운 등을 물리치기 위해 세운 장승이다. 돌장승이라는 점도 특이하고 송곳니 두 개를 드러냈으면서도 환하게 웃는 모습이 쉽사리 잊히지 않을 인상이다. 통영은 이순신 장군과 뗄 수 없는 관계다. 과거 충무라는 지명도 충무공에서 따온 것이고, 지금의 통영이란 이름도 '통제영'에서 비롯된 이름이다. 충무공의 영향은 단지 역사유적으로만 머물지 않고, 지금도 계속되고 있다.

이 지역의 역사는 물론 임진왜란과 이순신 장군 관련 유물을 다양하게 볼 수 있는 통영 향토역사관에서 정작 가장 시선을 모으는 것은 통제영 12공방

대한민국에서 가장 큰 목조 건물로 손꼽히는 세병관의 문. 지과문은 전쟁을 그친다는 의미를 갖고 있다.

충무공 이순신의 위패를 모신 충렬사(좌) 맞은 편 간창골에는 박경리의 《김약국집 딸들》 원고로 만든 문화 표석이 있다.

에서 생산된 민속공예품들. 그 옛날 작은 고을에선 가당치도 않았던 거대한 규모의 공방이 조그마한 통영에 들어선 까닭은 임진란 초기 각종 군수품을 자체적으로 조달해야만 했기 때문이었다.

이곳에서 생산된 공예품들은 항상 최고 품질이었기에 '통영'이란 이름이 상표처럼 따라다녔다. 통영갓, 통영자개, 통영장석, 통영소반, 통영부채 등은 이렇게 탄생된 명품들로서 그 전통은 지금도 이어지고 있다.

세병관(국보 제305호)오르는 길, 24절기와 24방위를 의미한다는 24계단을 층층 올라서면 지과문(止戈門)이 기다린다. 지과는 전쟁(戈)을 그친다(止)는 의미다. 그러나 두 글자를 합치면 무(武)가 되니 무력에 대비한다는 뜻도 된다. 전쟁이 없기를 바라는 마음, 그리고 능력을 갖추고 있어야 전쟁을 억제할 수 있다는 교훈이 동시에 담겨 있으니 지금도 새겨들어야 할 말이다. 세병관은 경회루, 진남루와 함께 우리나라에서 가장 큰 누각이다. 50개의 거대한 아름

많은 예술가의 사랑을 받았던 통영인 만큼 곳곳에서 다양한 문화자산을 만날 수 있다.

드리 소나무 기둥과 글씨만 해도 2m는 족히 넘어 보이는 거대한 현판은 보는 이를 압도한다.

간창골에 들어서면서부터 박경리 문학의 흔적이 보인다. 통영은 박경리가 태어나 자라고 살았던 곳. 그녀의 소설 《김약국의 딸들》에서 나왔던 지명 '간창골' 입구와 서문고개에는 그녀의 문화표석이 세워져 있다. 그러나 애써 찾아간 그녀의 생가는 이미 사라진 지 오래였다.

그러나 다행히 충무공의 영정과 위패를 모신 충렬사(사적 제236호)는 여전한 모습이었다. 본전과 정문, 중문, 외삼문, 동·서재, 경충재, 숭무당, 강한루 등의 전각과 돌담, 그리고 충무공의 피 끓는 마음인 양 늘어선 수백 년 된 동백나무와 느티나무, 대나무가 어우러진 모습은 단정하면서도 깊은 아름다움이 느껴졌다.

한국의 나폴리라 불리는 아름다운 항구 통영항은 바다, 산 그리고 섬이 동시에 보이는 빼어난 경관을 자랑한다.

주위 사람들에게 길을 물어가며 느릿느릿 걷자. 길 표시가 잘 되어 있지 않아 숨은 그림 찾듯 세심한 주의가 필요하다. 그러나 그것 역시 또 다른 재미다.

통영을 사랑한 예술가들, 백석과 윤이상

충렬사에서 길을 건너니 백석 시비가 눈에 띈다. 백석은 평안도 사투리와 향토적인 정서를 바탕으로 자신만의 독특한 모더니즘을 개척한 시인. 그런 그가 평안도가 아니라 통영에 자주 온 까닭은 짝사랑하던 여인 '란' 때문이었다. 그는 연고도 없는 통영을 자주 오가며 통영바다에서, 충렬사 계단에 앉아서 '란'을 연모하는 여러 시를 남겼다. 그러나 그녀는 다른 남자에게 시집을 가고 만다. 사실, 백석은 월북작가로 일반인에겐 생소한 시인. 정작 그가 대중의 관심을 받게 된 주된 이유는 한 여인의 백석에 대한 순애보 때문이다.

1997년, 어느 날 떨리는 목소리로 한 할머니가 출판사 창작과비평사에 전화를 한다. 그녀는 자신을 자야라고 소개하고, 그 이름은 붙여준 이가 백석이라고 말한다. 그리고 백석은 기생이었던 그녀를 끔찍이 사랑해 주었다며, 2억 원을 내놓아 '백석문학상'을 제정하는 한편, 법정스님에게 자신이 운영하던 1천억 원이 넘는 요정 대원각을 시주했다. 그 대원각이 바로 법정스님이 입적한 길상사다.

그러나 백석은 자야와는 달리 일편단심은 아니었던 모양이다. 여류문학가 고 최정희의 유족에 의하면 백석은 그 시를 최정희에게도 보여주고 청혼까지 한 적이 있었단다. 그러나 자야는 백석의 자신에 대한 사랑을 굳게 믿어

의심치 않고 《내 사랑 백석》이란 책도 출간한다. 백석이 좀 더 지조 있는 모습을 보여주었다면 얼마나 좋았을까. 그러나 백석의 진심과 상관없이 그녀는 행복했을 것이다. 유치환의 시가 다시 떠오른다. '사랑하는 것은 사랑받느니보다 행복하나니라'.

통영은 한시라도 사람을 그냥 두지 않는다. 버스 정류장을 여럿 지나다 보니 윤이상, 이중섭과 같은 예술가들의 사진이 나를 바라보고 있다. 이중섭의 〈소〉, 〈세병관 풍경〉 같은 그림들이 발아래 틈틈이 빛나고 있다. 한마디로 어디를 걸어도 발끝에 예술이 차이는 도시다.

예술을 아는 사람들이 재주를 아껴주는 법! 이중섭이 통영으로 피난을 왔을 때, 그의 예술성을 높이 산 통영사람들은 작품 활동을 계속할 수 있도록 십시일반 도와주었다 한다. 그가 남관, 박광생, 전혁림 등과 작품 활동을 했던 건물이 지금도 남아 있다. 아마 그의 인생에서 가장 행복한 시절이 아니었을까. 〈황소〉 〈부부〉 〈달과 까마귀〉 등 불멸의 작품이 이 시기에 완성되었다. 배가 고팠음에도 발길에 스쳐가는 이중섭 그림들이 아까워 걸음마다 납작 엎드려 바라본다. 행복한 순간이다. 예술이 밥 먹여 주진 않아도, 때론 배고픔을 잊게 해줄 때도 있는 법이다!

해저터널을 사이에 두고 윤이상과 전혁림을 만나다

생전 '현존하는 현대 음악의 5대 거장'으로 불렸던 작곡가. 동양 정신을 독특한 선율로 표현하여 현대음악의 새 지평을 열었던 한국의 대표적 음악가. 그러나 정작 한국에서는 오랫동안 알려지지 못하다 '동백림사건'으로 간

첩으로까지 낙인, 평생 그리던 조국에 돌아오지 못한 음악가. 모두 윤이상에 대한 이야기다.

그를 배출한 통영시는 2002년부터 해마다 〈윤이상 음악제〉를 열기 시작, 지금은 아시아 대표 음악제로 자리매김하고 있다. 일제시절에 지어진 군청건물(등록문화제 제149호)을 새 단장한 페스티벌 하우스를 거쳐 윤이상 기념관으로 발길을 옮겼다.

윤이상 기념관의 흉상은 남북의 근현대사, 그리고 남과 북의 현실을 압축하고 있는 기념비적 작품이다. 그의 정치적 행보의 옳고 그름이 아니라 남북이 함께 그의 음악 자체를 논하고 연주할 날은 언제나 올까. 쓸쓸한 마음으로 해저터널로 향한다.

동양 최초의 해저터널인 통영해저터널은 흔히 투명관을 상상하지만 아쉽게도 통행만 가능한 콘크리트 굴이다.

통영의 명물 전혁림 미술관은 아들 전영근 화백이 직접 그림을 그린 타일로 꾸민 독특한 외관을 가졌다.

용문양달(龍門達陽)! 해저터널 입구에 붙은 글귀다. 용문은 중국 고사에 나오는 물살이 센 여울목인데, 잉어가 용문을 거슬러 오르면 용이 된다는 전설이 전해진다. 참 거창한 글귀니 기대를 가득 안고 해저 터널 안으로 들어가 본다.

흔히 해저터널 하면 통영의 바다 속이 훤히 보이고 물고기도 볼 수 있을 거라 연상하기 쉽지만, 그저 평범한 콘크리트 굴이다. 그러나 이 해저터널이 1931년에 건설되었고, 동양 최초의 해저터널임을 생각한다면 기념비적인 건축물임에는 분명하다.

터널에서 나오니 〈꽃〉의 시인 김춘수 유품 전시관이 지척이다. 바닷가가 보이는 풍경은 아름다웠지만, 뭔가 아쉽다. '유품 전시관'이라는 이름에서 풍기는 좀 꺼림칙한 분위기도 그랬고, 딱딱한 건물모양과 전시구조가 김춘수 시인의 그 감수성을 굳게 하고 있는 느낌이랄까. 그러나 김춘수 시인을 만날 수 있었다 스스로 위로하며 전혁림 미술관으로 향한다.

색채의 마술사, 혹은 한국의 피카소로 불리는 전혁림 화백의 미술관은 외관부터 남달랐다. 화백과 그의 아들 전영근의 작품을 세라믹 타일로 제작하여 조형미 있게 구성해 미술관 자체가 미술품으로 보였다.

전혁림 화백의 작품에는 하루 종일 통영을 거닐며 보았던 통영의 과거와 현재, 사람들과 문화가 그대로 담겨 있다. 통영의 바다, 하늘, 햇살을 돋보기의 초점마냥 오롯이 모았다 토해내는 그의 색감은 환상적이라고밖에 표현할 길이 없다.

통영 도보여행을 위한 Tip

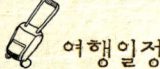 **여행일정**

도보여행

문화광장(거북선) ⋯ 중앙시장 ⋯ 남망산조각공원 ⋯ 동피랑 ⋯ 청마기념관 ⋯ 청마거리(중앙동우체국) ⋯ 초정거리(김상옥 생가) ⋯ 문화동 벅수 ⋯ 향토역사관 ⋯ 세병관 ⋯ 통영문화원 ⋯ 간창골 입구 ⋯ 서문고개 ⋯ 박경리 생가 ⋯ 함안조씨정문 ⋯ 통영 충렬사 ⋯ 백석 시비 ⋯ (통제사 순찰길) ⋯ 이중섭이 살았던 곳 ⋯ 페스티벌하우스 ⋯ 윤이상기념관 ⋯ 해저터널 ⋯ 김춘수유품전시관 ⋯ 전혁림미술관 (16km)

통영시 관광안내 지도에 도보여행에 관한 자세한 지도들이 나와 있다. 꼭 코스대로 갈 게 아니라 마음에 드는 코스를 골라 걸어보는 것도 좋은 방법이다.

1박2일 코스 도보여행 +

- **바다를 즐기고 싶다면** 사량도, 욕지도, 대매물도 등을 여행해도 좋고, 한산도(제승당)와 소매물도, 한려수도해상국립공원을 돌아보는 여행도 좋다. 단, 섬으로 가는 여객선과 한려해상공원을 유람하는 유람선터미널이 다르니 주의할 것.
- **통영을 한눈에 담고 싶다면** 미륵산 케이블카, 일몰이 아름다운 달아공원 등은 통영의 또 다른 명소. 가까운 거제도로 가는 것도 고려해볼 만하다.

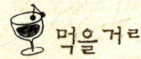 **먹을거리**

시락국밥 장어 푹 곤 물에 끓여내는 시래기국 시락국밥, 시원하고 담백하다. 중앙시장 골목으로 들어가면 국밥집이 밀집되어 있다.

충무김밥 두말할 나위 없이 유명한 음식. 여객선터미널 앞 부둣가 '뚱보할매김밥'이 원조. 그 외 4월에 제맛인 도다리쑥국(서호시장의 '분소식당'), 졸복국(서호시장 '부일복국'), 굴 정식(롯데마트 옆 '향토집'), 해물백반(남망산공원 입구의 '소라식당'), 해물탕(문화마당 뒷골목의 '새집식당')이 유명하다.

 **숙소**

유명한 관광지라고는 하지만 그리 좋은 숙소는 많지 않다. 중저가 펜션들은 많은 편. 남망산공원 앞 영화 〈하하하〉의 주 배경으로 등장했던 '나폴리모텔'에 묵어보는 것도 추억이 되겠다.

사람냄새 물씬 풍기는
미항에 가다
여수

여수, 미항이라 부르지 않을 수 없는 곳이다. 수많은 섬과 전형적인 리아스식 해안으로
이뤄진 이 도시는 한려해상국립공원과 다도해해상국립공원 등 해상국립공원이 두 곳이
나 중첩된 곳이다. 구태여 대표적 관광지 오동도를 들먹이지 않아도 바다에 피어난 꽃
이라 표현해도 모자람이 없다. 세계 3대 축제 중 하나인 '세계박람회' 개최로 여수는 현
재도 아름답거니와 앞으로의 변화가 더 기대되는 동백꽃 같은 도시다.

　여수로 가는 무궁화호는 옛날처럼 시끄럽지도 않았고, 왁자지껄 술판이 벌어지지도 않았다. 몸이 줄어서일까, KTX 비좁은 의자에 익숙해져서일까. 분명 같은 무궁화호인데 의자나 객실은 예전보다 널찍하고 안락하게 느껴졌다. 그렇다고 아예 조용한 것은 아니었다. 오동도, 혹은 향일암으로의 일출을 위해 기차에 오른 사람들의 설렘이 조심스레 웅성대고 있었으니까.

위안이 되는 고독, 용월사의 아침

　스르륵 잠이 들었다 눈을 떠 보니 새벽 4시가 조금 넘은 시간. 기차는 여수에 도착해 있었다. 사람들은 향일암으로 가는 새벽 버스를 타기 위해 한 곳으로 몰렸다. 향일암, 그곳은 대한민국 최고의 일출 명소. 하지만 하늘이 먹빛이라 일출은 힘들 듯하다. 대신 예전 친구들과 찾았던 해장국집에서 속을 채웠다. 새벽 찬 바람을 뚫고 들어간 식당의 훈기와 뜨끈한 국물에서 정취는 여전했다.

　향일암 일출을 포기하긴 했으나 아직 날이 밝으려면 여유가 있었다. 그때 누군가의 말이 떠올랐다.

　"고독해지고 싶을 땐 새벽 용월사로 가 봐."

작은 사찰 용월사는 탁 트인 바다 전망이 일품으로 일출이 장관이다.

　　돌산에서 바다로 툭 튀어나온 자리에 앉은 용월사의 새벽은 고요했다.
오로지 주지스님의 새벽불공 소리만이 너른 공간을 채우고 있었다. 아침 고
요 바다, 그 앞에 섰다. 비록 해가 뜨지 않아도 삶은 계속되어 고깃배들이 끊
임없이 밝아오는 수평선을 향해 나아가고 있었다. 절집 한가운데 모셔진 해
수관음이 자비로운 미소로 그 배들을 배웅해 준다. 나 역시 그 배들의 안전과
만선을 기도해 본다. 북적이는 기차에서도 고독이 찾아왔지만, 새벽 절 한 칸

에서도 고독은 찾아왔다. 그러나 고독이 항상 병이 되는 것은 아니다. 용월사에서의 고독, 그것은 오히려 위안이다.

용월사에서 버스정류장까지 가려면 고갯길 하나를 넘어야 한다. 터벅터벅 길을 걷다 보니 새벽공양을 하고 나서던 차 한 대가 내 옆에 멈춰 섰다. 차 안에서의 미소, 차창 밖에서의 미소. 오간 말은 많지 않았지만 그는 친절하게도 오동도까지 나를 데려다 줬다.

'국민가수' '국민여동생'이 있다면 오동도는 '국민관광지'라 할 만하다. 오래전부터 수학여행의 단골코스였고, 이곳을 찾는 관광객들도 목말 탄 아이에서부터 노인에 이르기까지 다채롭다. 지금은 외국인 관광객들도 많이 보인다. 한려해상국립공원의 기점이자 종점인 오동도에 대한 국민적 사랑은 당연하다. 춘삼월 고목나무에서 꽃송이째 뚝뚝 떨어지는 동백꽃과 사랑에 빠지지 않을 사람이 누가 있을까.

꽃 피는 봄이 아니라도 오동도는 아름답다. 섬 정상에 올라보면 아름다운 한려수도와 다도해가 발아래 펼쳐진다. 섬 가운데 하얀 등대는 일출로도 유명하다. 동백이 주된 가운데 해송과 후박나무 등 상록수림이 어우러져 다채로운 산책길을 연출한다. 특히 시누대 산책길은 담양 죽녹원 못지않게 운치 있다. 뿐 아니라 섬 입구에는 국내 최대라는 음악분수가 흥을 돋우고 병풍바위, 지붕바위, 용굴 등 해식절벽과 어우러진 바다 또한 장관을 이룬다.

도시와 바다와 사람이 어우러진 길을 걷다

오동도를 나오면 여수 도심길의 시작이다. 그런데 여기저기 굴착기 소리

지금은 신 항구에 자리를 내주었지만 우리나라 최초의 등대가 있었을 만큼 번화했던 여수 구항.

가 끊이질 않는다. 2012년 세계박람회를 준비하기 위해 여수는 새롭게 탈바꿈하고 있었다. 물론 아름답게 변해야 할 터였다. 그러나 아무리 아름답게 변한 다 해도 사라지는 모든 것은 아쉬움을 남긴다. 더 변하기 전의 여수를 보기 위해 걸음을 서두른다.

자산공원은 여수시에서 가장 오래된 공원이자 일출명소다. 해가 뜰 때 산봉우리가 자색으로 물든다 하여 붙여진 이름인데, 과연 전망이 일품이었다. 기존의 돌산대교 외에 새로 건설되고 있는 제2돌산대교, 박람회를 준비하는 분주한 모습과 구시가지, 여수항의 모습이 훤히 들어온다. 현재의 여수시와 박람회 후의 여수시가 묘하게 오버랩 되는 기념비적인 풍경이었다. 항공지도와 같은 전망을 바라보며 다음 행선지인 하멜등대로 가는 길을 눈여겨보고 다시 길을 나선다.

우리나라를 최초로 서양에 알린 하멜의 여수 체류를 기념하기 위해 건립했다는 하멜등대. 특별한 건 없다. 다만 주변에서 유일한 등대인 데다 새로 건설 중인 제2돌산대교와 바다, 여수시 풍경이 어우러져 나름대로 멋들어져 보였다. 이곳에서부터는 본격적인 여수 구항 거리의 시작이다.

새 항구에 다 넘겨준 은퇴한 옛 항구 거리는 여유로워 보였다. 예전에야 커다란 화물선과 어선, 인부들로 북적였겠지만 지금은 운동 나온 시민들과 낚싯대를 드리운 강태공만이 부두를 배회하고 있었다. 그렇다고 아예 조용하다는 건 아니다. 밤새 고기잡이 나갔던 배라도 들어오면 아주머니들은 큰 광주리를 이고 나온다. 구경꾼도 제법 모인다. 조기며 갯장어 같은 바다가 준 선물이 사라지는 건 순식간이다. 보는 재미가 제법 쏠쏠하다. 항구는 오래되어도 죽지 않는가 보다.

이 길, 걸을수록 은근히 마음을 빨아들인다. 아름다운 조각품으로 한껏

임진왜란에 대해 한눈에 알 수 있도록 전시하고 있는 진남관에서는 임진왜란 당시 왜적의 침공을 막기 위해 만든 석인도 있다.

멋을 낸 인도와 낡은 건물, 최신식 편의점과 오래된 구멍가게, 길가로 나온 막걸리 탁자와 예쁘장한 카페, 촌스러울 정도로 극명한 대비들이 묘하게 잘도 어우러진다. 과거, 현재, 미래가 마구 뒤엉켰다고나 할까? 그게 여수의 현모습이다.

전라 좌수영이 있던 자리이자 이순신 장군의 혼이 어린 진남관(국보 제304호)으로 간다. 조선 후기만 해도 이곳엔 78동의 건물이 있었으나 현재는 객사로 쓰였던 진남관만 덩그러니 남아 있을 뿐이다. 그러나 진남관 하나만으로도 당시 전라좌수영의 위용을 짐작할 만하다. 정면 15칸, 측면 5칸의 팔작지붕을 한 진남관은 지방 관아 건물로는 가장 큰 규모이기도 하고 68개의 육중한 기둥이 주는 웅장함은 보는 이를 압도한다. 남쪽의 왜구를 진압해 나라를

여수 수산시장에서는 생선을 말리는 모습이나 갓 잡은 생선들을 포 뜨는 모습을 쉽게 볼 수 있다.

평안하게 한다는 진남(鎭南)이란 뜻이 더없이 잘 어울려 보이는 풍모다. 그곳에서 시선을 아래로 하니 남해가 훤히 내려다 보였다. 바로 이순신의 바다였다.

한참동안 바다를 바라보다 내려가는 길에 석인 하나를 만났다. 이순신 장군이 거북선을 축조하던 당시, 왜적들의 공세가 심해지자 그 침공을 막아내기 위하여 만들었다는 석조물이다. 꼼꼼히 살펴보니 석인의 표정이 전시에 만들어졌다 믿기지 않을 정도로 여유만만하다. 어려운 상황에서도 자신감을 잃지 않은 조선수군의 표정이 이랬을까 싶어 가슴이 뭉클해진다. 그들이 없었더라면 저 바다는 남해란 이름 대신 도요토미 해로 남게 되었을지도 모른다.

느림보 따라하기

진남관에 들르면 전시관에 꼭 들러보자. 국보 제76호로 지정된 《난중일기》와 서간첩, 그리고 이충무공이 직접 차던 장검(보물 326호) 등은 물론, 임진왜란 당시 조선군이 사용하던 진귀한 무기 등을 볼 수 있다.

도시의 불빛, 바다에 여울지다

시장은 항상 즐겁다. 여수에서도 마찬가지다. 구수한 전라도 사투리도 즐겁고, 구경만 말고 맛도 보라며 입에 넣어주는 인심은 개똥이라도 먹지 않을 수 없다. 그렇게 하루가 저물면 돌산대교로 대표되는 여수의 불빛이 바다에 일렁인다. 여수, 정말 무엇 하나 버릴 게 없는 도시다.

여수수산시장 활어는 전국에서 가장 믿을 만하다. 회를 좋아하는 사람들이라면 수족관의 수질을 한 번 정도 의심해 보았을 텐데 이곳 수족관 물은 모두 청정 바다에서 가져와 사용한다. 회의 육질이 남다를 수밖에 없다. 당연히 즉석 회를 뜨러 오는 사람들이 많다. 그 중 가장 인기 있는 생선은 갯장어다. 평일임에도 갯장어 포를 뜨는 사람들이 줄을 선 모습은 진풍경이다. 그네들 집에선 아마 저녁에 하모 유비끼 잔치가 벌어질 터다.

수산시장 건너편은 교동시장. 이곳에는 여수를 대표하는 돌산 갓김치가 지천이다. 진한 젓갈양념으로 버무리는 갓김치를 보다 보면 밥생각이 간절해진다. 특이하게도 이 시장에선 그 흔한 오뎅이나 라면 파는 분식집 하나 찾기가 힘들다. 아예 패스트푸드와는 담을 쌓은 듯, 재료건 음식이건 손끝을 거쳐야만 제 맛이 나는 음식들만 팔고 있다. 마치 시장 전체가 구수한 시골 밥상 같다. 이리저리 사람들 물결에 밀려다니며 맛보기로 주워 먹은 것만으로도

야경은 어느 곳이든 아름답지만 여수항의 야경은 바다에 여울지는 불빛이 유독 아름답다.(위)
여수의 랜드마크 역할을 톡톡히 하고 있는 돌산대교는 여수와 돌산도를 잇는 사장교다.(아래)

배가 든든해질 정도다. 넉넉한 인심에 마음마저 훈훈해진다.

해가 서산에 기울 즈음 여수의 랜드마크, 돌산대교로 향했다. 돌산대교는 여수시와 돌산도를 잇는 길이 450m의 사장교로 자태가 참 고운 다리다. 다리를 건너면 곧바로 돌산공원. 돌산대교 준공탑과 어업인 위령탑이 인상적이긴 하지만, 이 공원의 진정한 아름다움은 탁월한 전망에서 비롯된다. 해가 저물어 도시가 불빛 고운 화장을 하면, 돌산공원에서의 전망은 황홀해진다. 돌산대교는 옷을 몇 번씩이나 갈아입는지 모르겠다. 시시각각 형형색색으로 빛을 바꾼다. 맨 처음의 빛깔을 다시 보려면 한참을 기다려야 한다.

여수시의 야경은 어떤가. 너무 크지도 너무 작지도 않은 이 도시의 불빛들은 시선을 끌어 모으는 응집력이 있다. 그렇게 사람의 시선을 모으고 모아 검은 빛 바다 위에 오색으로 여울진다. 어찌 마음 젖어들지 않을 수 있을까!

바다를 건너야 맛볼 수 있는 하모 유비끼

여수에서는 갯장어를 먹어야 한다. 갯장어 샤브샤브쯤 되는 하모 유비끼, 그것을 제대로 맛보려면 바다 건너 대경도로 가야만 한다. 걸음이 바빠진다. 하모 유비끼의 인기는 정말 대단해서 배를 자정까지 운항한다.

딱 10분 바다를 달려 대경도에 도착, 본래 허영만의 《식객》에 등장한 식당을 찾았으나 이미 만석이다. 근처 다른 식당에 들어가 주문. 모든 일이 순식간에 진행되었다. 그리고 드디어 맛본 하모 유비끼! 과연 명성대로였다. 비린내는 전혀 없고 육질이 단단하면서 쫀득쫀득하고 맛은 더없이 고소해 과연 미식가들이 여름메뉴 1순위로 꼽힐 만했다.

허영만의 《식객》에도 나와 그 유명세를 톡톡히 치르고 있는 대경도 하모 유비끼는 갯장어 샤브샤브로 그 맛이 일품이다.

대경도의 하모 유비끼 맛은 단연코 세계 제일이다. 유명한 식당들이 많기도 하지만, 김치도 적당히 숙성시켜야 제 맛이 들 듯 특별한 음식을 먹기 위해선 가는 길도 숙성을 시켜야 하는 법이다. 바다를 건너야만 맛볼 수 있는 그 맛, 어찌 특별하지 않을 수 있겠는가. 배가 부르니 그제야 고요한 대경도의 정취가 느껴진다. 돌산공원에서와는 달리 고요하고 정적인 느낌이다. 어쩐지 누군가를 그리워해야 할 듯하다. 발 디딜 틈 없었던 식당에서도, 홀로 밥을 먹을 때도 찾아오지 않던 외로움이 갑자기 찾아온다.

여수 도보여행을 위한 Tip

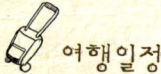 **여행일정**

도보여행 여수역 ⋯ 용월사(택시 또는 버스 이용) ⋯ 오동도 ⋯ 여수세계박람회홍보관 ⋯ 자산공원 ⋯ 하멜등 ⋯ 여수 구항해양공원 ⋯ 진남관 ⋯ 이순신광장 ⋯ 여수수산시장&교동시장 ⋯ 돌산대교(돌산공원) ⋯ 대경도 선착장 ⋯ 대경도 (13km)
일반 대중에게는 용월사 대신 교통편 좋은 대한민국 일출1번지 향일암을 추천한다.

1박2일 코스 도보여행 +
- **산을 좋아하면** 봄날 영취산 진달래꽃 산행을 권한다.
- **섬을 여행하고 싶다면** 여수의 보석 같은 섬들을 가 보는 것도 좋다. 검은도, 백도, 사도의 아름다움은 상상 이상이다.

 먹을거리

서대회 서대회는 육질이 부드러우면서도 쫄깃쫄깃해 씹는 맛도 제법이다. 미약하게 홍어 비슷한 맛도 있어 남도의 독특한 맛과 향을 느끼기엔 그만이다. 교동시장 앞 '구백식당'은 서대회로 전국적으로 명성이 높다.

하모 유비끼 봄부터 가을까지가 제철이다. 쫄깃하면서도 단단하고 비리지 않고 고소한 맛은 여름철 최고 별미이자 보양식으로 꼽는다. 허영만의 《식객》에도 등장한 대경도 '경도회관'이 전국적으로 유명하지만, 대경도 내 다른 집들도 다 비슷한 맛을 낸다. 육수에 너무 오래 데치지 말고 슬쩍 데친 후 다시 찬물에 식혀 먹으면 단단한 육질을 제대로 느낄 수 있다.

돌산갓김치 갓김치의 여왕 돌산갓은 일반 갓과 종자부터 다르고 돌산섬에서 자라 돌산갓 특유의 독특한 향과 톡 쏘는 매운맛이 난다. 여수 곳곳에 갓김치 판매장이 있으며 대부분 시식 가능하므로 이곳저곳 들러 가장 입맛에 맞는 집을 체크해 두었다 구매하면 된다.

그 외 게장으로 유명한 봉상동 '소선우', 생선회는 돌산읍 우두리 '백초횟집' 등이 유명하다. 백반은 터미널 쪽 어느 집이나 저렴한 가격에 맛난 남도밥상을 만날 수 있다.

 **숙소**

여행철이나 주말 찜질방 이용은 최악이다. 너무 많은 사람에 등 붙일 곳이 없을 정도다. 저렴한 관광호텔로 학동에 위치한 '벨라지오관광호텔', '티파니관광호텔' 추천.

파랑에 매혹되어
물의 도시를 걷다
속초

영랑호

영금정

아바이마을

청초호

속초하면 파랑이 먼저 떠오른다. 파란 바다, 파란 호수, 파란 하늘. 어느 곳에 서도 물 위로 설악이 뜨고 지는 그 도시의 이미지는 청명함이다. 도심 한가운데 청초호와 영랑호가, 그리고 그 너머로 동해가 넘실거리므로 속초는 그야말로 물의 도시다. 그 도시를 거닐다 보면 몸도 마음도 온통 하늘을 유영하는 물방울처럼 투명해진다. 속초는 흔히 설악이나 동해를 찾기 위해 거쳐가는 도시로 기억될 뿐이다. 그러나 그리 멀리 갈 필요가 있을까? 속초라는 도시 안에서도 얼마든지 설악과 동해의 청정함을 충분히 만끽할 수 있으니 말이다.

　　설악에서 시작한 물길이 동해의 파란 파도가 만나는 곳에 형성된 도시 속
초. 그 도심 한복판을 차지하고 있는 것은 빌딩숲이 아니라 호수, 청초호다.
청초호는 해류, 조류, 하천 등의 작용으로 운반된 토사가 바다의 일부를 막아
이뤄진 석호로, 조선시대에는 이중환의 《택리지》에서 양양의 낙산사 대신 관

동해안의 대표적인 호수인 청초호에서는 속초 시내와 설악산을 한눈에 볼 수 있다.

동8경의 하나로 꼽았을 만큼 예로부터 절경으로 손꼽혔던 곳이다. 지금은 운치 있는 갈대밭이 아니라 빌딩숲으로 둘러싸인 호수가 되었기에 그 옛날 이중환이 보았던 모습은 아니겠지만, 바람 잔잔한 날엔 파란 호수에 설악이 고스란히 들어와 앉아 가을날 삭막한 가슴에 시 한 편 들어앉은 듯한 느낌을 준다.

청초호 주변을 걷다

청초호반에 자리잡은 74m 높이의 전망타워. 여인상을 연상케 하는 나선형 구조가 아름답다. 엘리베이터를 타고 전망대에 오르면 청초호와 속초 시내 전경은 물론 설악산 달마봉, 울산바위, 대청봉 그리고 동해까지 조망할 수 있다. 전망대 유리창 위엔 속초시의 약도나 설악산의 지명 등이 표시되어 있어 유리창 밖으로 보이는 실제 풍경과 오버랩 되어 마치 사진지도를 보는 듯한

우리나라 전통 도자 전시가 멋진 석봉도자기미술관은 도자기 만들기 체험을 해볼 수도 있다.

재미가 느껴진다. 또 건물의 안전을 위하여 바람에 흔들리도록 설계되어 있어 바람이 심한 날에는 전망대 타워가 슬쩍 흔들리는 스릴감도 느낄 수 있다.

청초호 입구에 위치한 석봉도자기미술관은 석봉 조무호 씨가 전통문화의 계승과 도예문화의 재창조를 목적으로 개관한 미술관이다. 파란 하늘과 파란 호수와 사이에 백사장처럼 하얗게 들어선 미술관에서 가장 시선을 사로잡은 작품은 사계절의 아름다운 풍경을 담은 환원도자기. 이 자기질 환원도자기들은 세계 최대 크기로 1994년 기네스북에 등재까지 되었다고 한다. 이 외에도 백두산과 설악산 등의 풍경을 담은 도자기 벽화, 세계 각국을 대표하는 도자기 컬렉션 등도 눈길을 사로잡는다.

송승헌·송혜교처럼 갯배 타고 아바이마을로 건너가다

인기 드라마 〈가을동화〉에 열광했던 사람들이라면 배 위에서 송혜교와 송승헌이 스쳐 지나던 안타까운 장면을 기억할 듯. 그 장면을 촬영했던 것이 바로 속초 중앙동과 청호동을 연결하는 갯배. TV프로그램 〈1박2일〉에서도 이곳을 다녀가 유명세는 더욱 커졌다.

갯배의 시작은 청초호 때문에 꽤 먼 거리를 돌아가야 했던 중앙동과 청호동을 잇기 위해 1955년 갯배 한 척을 만들어 주민들이 이용하면서부터. 지금은 청호동과 중앙동 사이에 현대식 아치형 다리가 놓여 있어 교통수단으로서의 기능은 다했지만, 지금도 많은 사람들은 〈가을동화〉와 〈1박2일〉에 등장했던 이 배에 열광한다.

갯배는 동력장치가 없다는 점이 독특하다. 양쪽 선착장에 두 개의 줄이

동력장치가 없는 갯배는 양쪽 선착장에 연결된 줄을 끌어 움직인다.

연결되어 있는데, 갈고리로 그 줄을 끌어서 운행하는 뗏목 형식의 배인 것. 그래서 반대편 선착장으로 가기 위해 배를 운영하는 아저씨는 물론 승객들이 힘을 보태 갯배를 끈다. 갯배는 운행시간이 따로 정해져 있는 것도 아니다. 승객이 어느 정도 모이면 그제야 운행을 시작한다. 어쩌면 갯배가 인기를 끄는 이유는 꼭 드라마 때문은 아닐 것이다. 이 편한 디지털 세상에서 정해져 있지 않은 시간을 기다리다 힘을 보태야 호수를 건널 수 있는 갯배의 아날로그적 향수, 바로 그것 때문에 사람들은 갯배에 열광하는 것일지 모른다.

'아바이'는 함경도말로 아버지란 뜻이다. 한국전쟁 중 1.4후퇴 때 국군을 따라 남하했다 고향으로 가지 못한 피난민들이 청초호 끝자락 척박한 불모지에 정착하여 만든 동네가 바로 아바이마을이다. 원래 바다였으나 모래톱에 의하여 바다와 단절돼 호수가 된 청초호와 휴전선에 의해 고향에 갈 수 없는 아바이마을의 주민들은 서로 닮아 있다. 그래서 아바이마을에 들어서면 항상 잊고 있는 한국전쟁과 현재 진행형인 남북분단의 아픔, 그리고 통일에 대한 열망이 밀물처럼 밀려온다.

그러나 이 아픔과는 상반되게 아바이마을은 참 아름답다. 여전히 생계를 위해 그물을 손질하는 나이 든 어부의 낡은 배를 지나쳐 골목으로 들어서면 오래 전 풍경이 그대로 펼쳐진다. 개발에서 약간 비켜선 탓이다. 골목길을 구석구석 거닐다 막바지에 이르면 하얀 백사장 너머로 가슴 탁 트이는 동해가 펼쳐진다. 그때 어릴 적 어머니가 연탄불 위에 구워 주시던 바로 그 생선구이 냄새가 여기저기 넘쳐난다.

느림보 따라하기

갯배로 청초호를 건넜다면 다리로도 청초호를 건너보자. 엑스포타워에서의 조망이 광대한 반면, 청호대교에서 바라보는 속초시와 청초호, 동해는 보다 가깝고 친숙하게 다가온다.

마법 같은 영랑호에 홀리다

청초호에서 영랑호 가는 길은 그리 멀진 않지만 번잡하고 지루하기 짝이 없는 회색빛 빌딩숲길이다. 잠시뿐이었지만 매연과 소음으로 짜증이 날 찰나 세상과는 전혀 상관없다는 듯 유유자적한 호수 하나가 나타난다. 바로 마법 같은 영랑호다. 턱턱 숨 막히는 사막에서 환상처럼 떠오르는 신기루. 이 호수 앞에 서면 설악을 하나가 아니라 둘이나 볼 수 있다. 바로 눈앞에 보이는 설악이 하나요, 영랑호 맑은 눈빛에 어린 설악이 또 하나다. 그 눈동자에 홀려 한참을 목석처럼 서 있고 싶은 곳.

영랑호는 신라의 화랑인 영랑이 동료인 술랑, 안상, 남랑 등과 금강산에서 수련하다 서라벌로 돌아가는 길에 이 호수의 아름다움에 매료되어 서라벌에 돌아가는 것도 잊고 이곳에 머물러 풍류를 즐기게 되었다는 데서 유래한다. 새도 영랑호의 아름다움엔 날개를 쉬지 않을 수 없었나보다. 겨울이면 우아한 고니를 비롯한 수많은 철새들이 영랑호의 아름다운 품에 안긴다.

그러나 완벽한 아름다움은 세상에 존재하지 않는 법. 그 진리를 실현하기 위해 인간의 욕망은 옥에 티를 가했다. 영랑호에 불쑥 솟아오른 골프연습장의 흉측한 푸른 망사와 고층 리조트가 바로 그것. 영랑이 저 모습을 본다면 이런 시를 남기지 않았을까?

'오호라, 저것은 무엇인고? 장미꽃 위에 앉은 똥파리가 아니더냐?'

동해의 해맞이 명소 동명항과 영금정

영랑호에서 동명항까지 이어지는 영랑 해안길은 칙칙한 건물과 흉측한 철조망이 종종 눈에 거슬리긴 하지만, 파란 동해가 내내 보이기 때문에 그 모든 것이 용서가 되는 길이다. 밋밋한 건물들이 점차 사라지고 아기자기한 해안바위가 눈에 띄게 많아지면 동명항이 지척이란 증거.

동명항은 동쪽에서 해가 밝아오는 항구라는 뜻을 지닌 이름처럼 해맞이

마치 외따로이 떨어진 섬 같은 영금정은 동해의 해맞이를 가장 아름답게 볼 수 있는 곳 중 하나다.

로 유명한 곳이다. 동명항의 속초등대전망대와 영금정은 동해의 해맞이 명소 중에서도 이름난 곳들. 해맞이 명소로 소문나면서 몰려든 것은 사람뿐만이 아니다. 국적불명의 무수한 모텔들 또한 우후죽순처럼 솟아난 것. 그럼에도 불구하고 영금정과 속초등대전망대에서의 해맞이는 여전히 아름답다. 게다가 고단한 도보여행 끝에 만나는 싱싱한 활어횟집들의 수족관은 보는 것만으로도 참으로 흐뭇해진다.

속초등대전망대는 속초8경중 하나로 운치 있는 해변 바위 위에 우뚝 솟아 있다. 실제 등대 높이는 10m. 그러나 해수면에서의 높이로 따진다면 48m. 워낙 높은 전망대라서 전망대 계단을 오르는 일 자체가 번지점프대에 오르는 느낌처럼 스릴있다. 전망대에 오르면 속초시가지는 물론 동해, 설악은 물론 멀리 금강산까지 보인다. 특히 동해, 속초시와 어우러진 설악의 풍경은 장관이다. 대한민국 전망 1번지라 해도 과언은 아닐 듯.

느림보 따라하기

되도록 느리게 오르자. 엘리베이터가 아니라 계단으로 오르는 전망대의 또 다른 묘미는 한 계단 한 계단 오를 때마다 점차 변모해가는 주변 풍경들이다. 시선의 높이에 따라 변해가는 속초의 모습을 천천히 음미해보자.

영금정은 본래 정자 이름이 아니라 바닷가에 흩어져 있는 암반 지역을 이르는 명칭이다. 원래 이 자리에는 높은 바위산이 있었다 한다. 그런데 그 바위모양이 정자같이 보이고 파도가 바위에 부딪치는 소리가 신령한 거문고 소리 같다 하여 영금정이라는 이름이 붙여졌다. 그러나 일제가 속초항을 개발하면서 바위산을 부숴 석재로 사용하는 바람에 현재처럼 너럭바위 같은 형태가 되었다. 개발앓이로 널찍해진 바위 위에 정자 하나를 세워 영금정이란 현판을 걸어 놓은 것이 현재의 모습이다. 이왕 개발앓이로 망쳐진 것을 후회한들 무엇할까. 그 자리에 정자를 세운 것은 참 잘한 일이다. 다만 그 정자가 나무가 아닌 볼품없는 콘크리트 정자라는 게 아쉬울 뿐.

그러나 영금정의 남아 있는 바위, 그리고 그곳에서 바라보는 동해의 정취와 부딪치는 파도소리는 여전히 사람의 심금을 울릴 정도로 아름답다. 이곳에서 일출을 본다면 당연히 금상첨화.

속초 도보여행을 위한 Tip

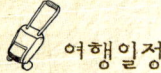 **여행일정**

도보여행 청초호 ⋯▸ 영랑호 ⋯▸ 동명항

구체 코스 : 청초호반 돌아보기(10km) ⋯▸ (갯배 이동) 갯배선착장에서 시내 관통 (2km) ⋯▸ 영랑호반 돌아보기(3km) ⋯▸ 영랑해안길(2km) ⋯▸ 동명항 (총 17km)

- 이 세 곳은 삼각형 형식으로 길이 유기적으로 연결되어 있어 어느 곳에서 시작해도 좋다. 청초호반은 둘러볼 만한 곳이 상당히 많으므로 순서를 정하는 게 좋다. 석봉미술관 ⋯▸ 엑스포전망대 ⋯▸ 청호대교 ⋯▸ 아바이마을 ⋯▸ 아바이마을 간이 해수욕장 ⋯▸ (갯배 이용) 갯배선착장으로의 코스를 권한다.

- 청초호에서 영랑호로 향하는 길은 짧은 구간(2km 내외)이지만 복잡한 시내길이어서 길 찾기가 어려우니 택시로의 이동을 권한다. 영랑호에서 동명항까지 가는 영랑해안길은 길이 일직선이라 바닷가를 따라 동명항을 향해 걷기만 하면 된다. 만일 반나절 정도의 여유밖에 없다면 청초호반, 영랑호, 동명항 중 일부만 선별해서 여행해도 좋다. 자연적 아름다움을 좋아하는 이들에겐 영랑호를, 아기자기한 여행의 재미를 즐기는 이들에겐 청초호를 추천. 하이킹을 좋아하는 사람이라면 청초호와 영랑호 주변에서 자전거를 대여하여 하이킹으로 돌아보아도 좋다.

1박2일 코스 도보여행 +

- **산을 좋아하면** 설악산 소공원, 권금성, 신흥사, 울산바위, 척산온천으로 이어지는 코스.

- **바다를 좋아하면** 속초해수욕장, 외옹치항, 대포항, 엑스포유람선(속초에서 낙산, 고성까지 다양한 유람선 운행) 코스.

 **숙소**

따로 설명이 필요 없을 정도로 유명한 콘도미니엄이나 호텔 등이 설악동에 밀집되어 있다. 속초 시내권에서는 동명항과 대포항 쪽에 모텔들이 많이 밀집되어 있다. 아무래도 모텔이나 호텔이 부담스럽다. 속초해수욕장 쪽의 '굿모닝가족호텔'을 추천한다. 부담되지 않은 가격에 깔끔하다. 가장 추천할 만한 숙소는 척산온천에 위치한 숙소들. 시내에서 버스로 10~20분이면 이동 가능할 뿐더러, 저렴한 가격에 온천욕과 숙박을 동시에 즐길 수 있다. '척산온천장', '척산온천휴양촌' 추천.

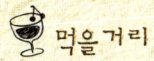 **먹을거리**

생선구이 아바이마을과 갯배 선착장 인근에는 생선구이집들이 즐비하다. 〈1박2일〉에도 등장했던 생선구이집들이다. 대부분의 집들이 1만원 안팎에 풍성하고 다양한 생선구이를 내놓고 있으니 만족스럽다. 이름난 집은 갯배선착장 근처의 '88생선구이'.

오징어순대 다진 고기와 야채에 갖은 양념을 해 속을 꽉 채운 오징어순대는 빼놓을 수 없는 속초의 명물. 아바이마을과 갯배선착장 근처에서 오징어순대를 내놓는 집들이 많다. 대부분의 집들이 비슷한 맛이나 갯배선착장 근처의 '진양횟집'이 유명.

가자미식혜 & 명태식혜 소금에 절인 가자미 혹은 명태를 발효시킨 함경도 지방의 젓갈반찬 중 하나. 필수 아미노산등 영양면에서도 만점이다. 생선으로 만들었음에도 비리지 않고 달달하고 시원하고 감칠맛 나는 맛은 한번 맛보면 여간해선 잊기 힘들다. 아바이마을의 웬만한 식당에 들어가면 반찬으로 나오지만 제대로 맛보려면 역시나 따로 주문하는 것이 좋다. 아바이마을의 '다신식당'이 유명.

활어회 동명항 근처 어느 횟집에서나 싱싱한 활어회를 맛볼 수 있다. 가격대나 서비스가 대동소이하다. 특히 속초까지 갔으니 오징어회는 빼놓지 말 것.

양미리 겨울에 먹어야 제맛인 생선으로 속초에서는 해마다 양미리축제를 할 정도다. 만약 여행시점이 겨울이라면 알이 꽉 찬 양미리찌개나 구이를 꼭 먹어 볼 것. 꽉 찬 알의 그 고소한 식감은 예술이라 할 만하다.

냉면 함경도가 고향인 사람들이 많은 곳이다 보니 냉면 또한 빼놓을 수 없는 명물. 함경도식 냉면을 좋아하는 이들이라면 도보여행 중에 시원한 냉면 한 그릇도 좋을 듯.

다섯 개의 달이 뜨는
도시를 걷다
강릉

'두둥실 두리둥실 배 떠나간다/물 맑은 봄바다에 배 떠나간다
이 배는 달 맞으러 강릉 가는 배/어기야 디어라 차 노를 저어라'
함호형이 작사하고 홍난파가 작곡한 '사공의 노래'를 떠올리지 않더라도 강릉, 그곳은
생각만 해도 가슴 뛰는 곳이다. 오대산과 동해가 만들어낸 이 도시는 관동지역의 중심
지로서 수많은 문화유적과 인재들을 배출하고, 자연까지 아름다워 그 어디로 걸음을 내
딛어도 매혹적이다. 아무리 보아도 질리지 않고 은은하게 사람의 마음을 적시는 보름달
같다고나 할까? 그 중 강릉의 매력을 집약적으로 느낄 수 있는 곳은 옛날부터 수많은 풍
류객들이 예찬해 온 경포호 주변이다.

'하늘의 달이요 / 호수의 달이요 / 바다의 달이요 / 술잔의 달이요 / 님의 눈에 비친 달이요'

경포호에 가면 이렇게 다섯 개의 달을 볼 수 있다 했다. 다섯 개의 달이 뜨는 호수라 생각만 해도 마음이 달처럼 두둥실 떠오른다. 경호 앞에 서면 옛날 사람들이 왜 그토록 경포호에 열광했는지 이해할 수 있다.

경포호를 거쳐 선교장으로 가다

경포호는 동해의 대표적인 석호로서 수면이 거울과 같이 청정하다고 이름도 경포(鏡浦)라는 이름을 갖고 있다. 경포호는 바람 센 날에도 잔잔하기만 하다. 그러나 결코 밋밋하진 않다. 호수 한 가운데 자그마한 바위섬(조암)이 서 있고, 그 위에 월파정이란 정자 하나가 서 있어 운치를 더하는데 새 한 마리는 호숫가가 아니라 보는 사람의 가슴에 내려와 앉는다. 동쪽엔 바다가 넘실거리고 서쪽엔 오대산이 우뚝 서 있는데 경포호 앞에 서면 여행자는 마치 동양화 속의 주인공이 되는 듯하다.

경포호 주변에는 기념비적인 고건축물이 서 있다. 바로 경포대와 선교장이 그곳. 경포대는 관동팔경 중 하나로 옛날부터 명성이 높았던 누각이다. 고려 충숙왕 때 지어진 이 누각에 오르면 경포호의 아름다운 풍경이 한눈에 펼

한폭의 동양화 같은 경포호의 전경에 옛부터 많은 풍류객들이 시와 그림을 남겼다.

쳐져 누구라도 저절로 시인이 된다. 맘에 드는 누군가가 있다면 경포대에 같이 올라보자. '그대 잔에 술 한 잔 부으면 그대 눈빛에 어찌 내가 어리지 않을 수 있을까' 같은 옛스런 시 한 수가 절로 나온다.

대한민국 최고의 전통가옥. 국가지정 중요민속자료 제5호로 지정된 선교장은 이내번이 처음 살기 시작하여 그 후손들이 300년 넘게 살고 있는 고택이다. 99칸 양반 가옥의 전형을 보여주고 있는 선교장은 고요함 속에 은은한 멋을 자아낸다. 안채와 동별당, 서별당, 외별당, 연지당, 중사랑, 행랑채 등 모든 건물이 아름답지만, 특히 열화당과 활래정의 아름다움은 도드라진다.

열화당은 고택으로보다는 출판사의 이름으로 더 친숙한 명칭이다. 후손인 이기웅 씨가 고향집 사랑채인 열화당의 명칭을 그대로 출판사 이름으로

전통적인 조선시대의 한옥을 느낄 수 있는 선교장. 선조들의 빼어난 조형미를 느낄 수 있다.

정한 것. 선교장의 주인장이 대대로 거처했던 사랑채 열화당은 전통의 한옥에 덧대어 지어진 서양식의 목조 테라스가 이채로운 건물이다.

활래정은 소나무 숲을 배경으로 커다란 연지 위에 세워진 정자다. 보기 드물게 방과 누마루 사이에 다실이 있는 활래정은 대한민국 최고라 해도 모자람 없는 운치를 드리운다.

보통 고택에 가보면 건물 외관만을 감상할 수 있을 뿐이지만, 활짝 열어놓은 문을 통해 아기자기하면서도 격조 있는 양반가의 오래된 세간을 그대로 볼 수 있다는 점도 선교장의 또 다른 매력. 가장 아름다운 한옥이라는 타이틀에 걸맞게 이곳에선 〈식객〉〈궁S〉〈황진이〉〈일지매〉 등 많은 영화와 드라마가 촬영되었다.

세계 제일 오디오 컬렉션 참소리박물관

선교장이 고건축에 있어서 한국 제일이라면, 참소리박물관은 오디오와 에디슨 발명품 관련 컬렉션에서 세계 제일이라 할 만하다. 워싱턴에 있는 에디슨박물관보다도 에디슨 관련 컬렉션이 더 많다는 참소리박물관은 크게 참소리축음기박물관과 에디슨과학박물관으로 나눌 수 있다.

축음기박물관에서는 뮤직박스, 축음기, 라디오, TV 등 약 2,500여 점의 컬렉션을 통해 소리의 역사를 한눈에 볼 수 있으며, 에디슨과학박물관에서는 에디슨의 가장 대표적인 발명품인 축음기, 전구, 영사기 등을 포함한 2천여 점의 컬렉션을 통해 영상고학의 발자취를 한눈에 더듬어 볼 수 있다.

세계에서 단 한 대밖에 남아 있지 않다는 아메리칸포노그래프를 비롯해, 최초의 스테레오 기능을 갖춘 울트라 폰, 축음기의 황제라 불리는 H.M.V202, 희귀한 멀티폰, S.P감상에 최고의 명기라는 종이 나팔축음기 등은 주목할 만한 컬렉션이다. 또한 1879년에 만들어진 최초의 전구인 탄소필라멘트소켓전구 또한 눈길을 끈다. 이 외에도 1920년대에 제작된 올드카 컬렉션 또한 빼놓을 수 없는 볼거리.

느림보 따라하기

전시관을 돌 때 해설사를 주시하자. 특히 축음기 이전(1800년대)에 만들어진 쇠 떨림판을 수동으로 돌리며 소리를 내는 뮤직박스를 직접 시연할 수도 있다. 이런 풍경은 이제 영화에서도 드물게 볼 수 있는 진귀한 풍경이다.

최초의 한류스타 허균 · 허난설헌 생가

　경포호를 벗어나 한적한 마을로 접어들면 초당두부마을이다. 이 마을은 이름부터 허균과 허난설헌 일가와는 떼려고 해도 뗄 수 없는 관계다. 초당은 이들 남매의 친부인 강릉부사 허엽의 호. 천일염이 나지 않은 강릉에서 간수 대신 동해의 맑은 해수를 간수로 두부를 만들자는 제안을 낸 사람이 바로 허엽이었고, 강릉 관아 앞마당에 있던 샘물과 동해수로 간을 맞춰 만든 두부가 바로 초당두부의 시작이다.

　초당마을 깊은 곳엔 허균과 허난설헌이 태어나서 어린 시절을 보낸 생가가 아직도 잘 보존되어 있고, 생가 옆엔 그들을 위한 기념관이 조촐하게 자리

강릉의 대표 먹을거리 초당두부를 만들어 낸 사람은 초당 허엽. 조선시대를 대표하는 문학 남매 허난설헌과 허균의 아버지다. 사진은 허균, 허난설헌 기념관.

하고 있다.

비교적 넉넉한 공간에 쌓은 담이 여유로워 보이는 고택은 화려하진 않지만 짜임새 있게 꾸며진 정원이 있고 집 전체를 송림이 둘러싸고 있어 전형적인 한옥의 아름다움을 느낄 수 있는 곳이다. 이곳에서 허난설헌과 허균이 태어나고 어린 시절을 보냈다. 최초의 한글소설 《홍길동전》의 저자인 허균은 너무 유명해서 설명이 필요 없다. 오히려 궁금증이 이는 인물은 허균의 누이 허난설헌이다.

허난설헌은 아버지, 남자형제들과 함께 글과 그림을 겨룰 정도였다. 그러나 15세 꽃다운 나이에 시집을 간 그녀의 삶은 불운했다. 남편은 거듭된 과거 낙방 끝에 아내의 재주를 시기해 밖으로만 맴돌았고 믿었던 아버지와 두 아이들, 오빠 허봉이 연이어 세상을 뜨고 난 후 난설헌도 스물일곱 젊은 나이에 한 많은 세상을 뜬다. 방 한 칸에 가득 쌓일 정도로 많았다던 그녀의 작품은 유언에 의하여 모두 불교식으로 불태워졌다.

그녀의 작품이 세상에 알려진 것은 조선이 아니라 중국에서였다. 허균은 누이의 작품이 너무 아까워 자신이 간직하고 있던 것과 기억하고 있던 작품들을 추려 모았고, 그 일부를 명나라 사신 주지번에게 주었다. 주지번은 중국으로 돌아가 시집 《난설헌집》을 간행했는데 《난설헌집》 때문에 종이가 모자란다는 말이 나올 정도로 인기를 끌었다 한다. 명나라 사신이 조선에 올 때마다 난설헌의 시를 얻기 위해 허균의 집에 들를 정도였다고 하니 그 인기를 짐작할 만하다. 허난설헌은 최초의 한류스타였던 셈이다.

그러나 조선에서 그녀는 여전히 홀대받았다. 규방여인이 남녀상열지사적 글쓰기를 했다 하여 평도 박했다. 심지어는 진보적 실학자였던 박지원마저 《열하일기》에서 난설헌에 대하여 '규중 여인이 시 짓는 것은 좋지 않다. 난설헌이 중국에서 유명하나 난설헌 하나로도 족한 일이다. 재능 있는 여인들은 이를 경계해야 할 일이다'라고 언급했을 정도다. 난설헌은 여성이란 이유만으로 그 정당한 평가를 받지 못한 것이다.

느림보 따라하기
난설헌 생가에 들르면 혹시라도 마당에 떨어져 있을 꽃잎 하나 유심히 보자. 요절한 천재의 쓸쓸했던 삶이 가슴을 적신다.

신사임당과 율곡의 생가 오죽헌

강릉 하면 떠오르는 명소. 쓸쓸하기 이를 데 없던 허난설헌 생가와는 달리 신사임당과 율곡의 생가엔 사람들이 넘쳐난다. 두 인물의 무게감 만큼이나 오죽헌이란 고택 자체도 무게감 있다. 우리나라 주택건물 중 가장 오래된 건물 중 하나로 보물 제165호로 지정된 격조 있는 고택이다. 재미있는 사실은 율곡의 생가는 분명하나 오죽헌 자체는 율곡 집안의 소유가 아닌 신사임당, 즉 율곡 외가 소유의 고택이라는 점. 신사임당의 어머니인 용인이씨의 슬하엔 아들이 없어 친정의 아들잡이 노릇을 한 까닭에, 신사임당 역시 시댁에 양해를 얻어 시댁에 살지 않았을 뿐 아니라 이곳 오죽헌에서 홀로 사는 어머니와 함께 살기도 했던 것. 그런 연유로 셋째아들인 율곡 이이도 이곳에서 태어나서 어린 시절을 보내게 된 것이다.

오죽헌은 이름 그대로 주변에 오죽밭이 넓게 자리하고 있다. 중국에서는 자죽(紫竹), 일본에서는 흑죽(黑竹)이라고 하는데, 우리나라에서만 까마귀 대나

검은 대나무로 이루어진 오죽헌 산책로는 조선시대 대학자 율곡 이이가 어릴 적 거닐던 바로 그곳이다.

무(烏竹)라고 부르는 것은 반포지효(反哺之孝, 자식이 커서 어버이의 은혜에 보답하는 효성)의 의미를 함축하고 있기 때문. 오죽은 생태학적으로는 설명이 불가능하지만 충효와 정절의 혼이 서린 곳에서 스스로 자라고 소멸한다는 말이 있는데, 이 말을 듣고 보면 율곡과 신사임당의 체취가 묻은 오죽헌에 딱 어울리는 나무라는 생각이 든다.

오죽헌 앞에는 오래된 배롱나무와 더불어 율곡매라 이름 붙여진 홍매(천연기념물 제484호)가 한 그루 서 있는데 두 나무 모두 신사임당과 율곡이 손수 가꾸었던 나무들이라고 한다.

오죽헌 내에는 이 외에 율곡의 영전을 모신 문성사와 정조임금이 율곡의 위대함을 찬양한 벼루와 율곡의 대표작 《격몽요결》을 보관한 어제각이 있다.

신사임당은 그녀의 딸 이름을 매창이라 지을 정도로 매화 사랑이 남달랐다.

어제각에는 사임당의 영정이 모셔져 있고 그 아래에는 모자지간 주인공이 된 오천 원짜리 지폐와 오만 원짜리 지폐 또한 찬란하게 빛난다. 율곡과 사임당의 작품이 보관된 율곡기념관 또한 빼놓을 수 없는 곳인데, 특히 사임당의 이름난 초충화 병풍이 눈길을 사로잡는다.

느림보 따라하기

이른 봄날이라면 오죽헌에 앉아 파란 하늘 속에서 환상처럼 피어난 홍매를 바라보자. 사임당은 매화를 무척 좋아해서 그녀의 딸 이름을 매창(梅窓)이라 지었다고 하는데 꽃을 보면 그 이유를 짐작할 수 있다.

강릉 도보여행을 위한 Tip

 **여행일정**

도보여행 선교장 ⋯→ 경포대 ⋯→ 참소리박물관 ⋯→ 경포호둘레길 ⋯→ 경포해변(경포해수욕장) ⋯→ 허균 · 허난설헌기념관(초당마을) ⋯→ 오죽헌 (총 15km)

도보로 총 15km 이내의 거리지만, 선교장이나 참소리박물관 등 도보여행 중 들러볼 명소들은 시간을 요하는 곳들이므로 시간을 여유 있게 갖는 게 좋다.

1박2일 코스 도보여행 +

- **산을 좋아하면** 진고개 ⋯→ 오대산 노인봉 ⋯→ 소금강 (강릉 1박) ⋯→ 경포호 둘레길 걷기
- **바다를 좋아하면** 경포호 둘레길 + 정동진 해맞이 기차를 타는 여행도 낭만적이다. 강릉 근처에는 정동진 외에도 하슬라아트월드, 낙산해변, 낙산사, 하조대, 추암, 주문진항 등 이름난 동해 명소가 많다.

 **숙소**

관광도시인지라 한국관광공사에서 우수 숙박업소로 선정한 깔끔한 숙소들이 많다. 경포해수욕장 근처의 '경포수모텔', 강릉시의 '강릉동아호텔', 사천해수욕장의 '라메르호텔', 시내중심가의 '호텔N' 등이 추천할 만. 대한민국에서 가장 아름다운 한옥 '선교장'에서 한옥체험 숙박을 해도 좋다. 사전예약 필수.

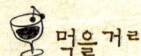 **먹을거리**

감자옹심이 지역 특성 덕에 감자를 이용한 음식이 발달했다. 특히 감자옹심이는 강릉의 별미. 쫀득함과 고소한 맛이 일품이다. 강릉시 임당동의 '강릉감자옹심이'집이 유명.

초당두부 초당 순두부마을에 두부집들이 많이 몰려 있는데 어느 집이나 깔끔한 맛이 일품이다. 반찬으로 가자미식혜를 내놓는 집도 많아 지역색 짙은 강원도 음식을 맛볼 수 있다. 이 외 메밀묵, 생선회, 산채를 이용한 음식 등도 맛볼 만한 먹을거리들.

갈매기따라 길을 걷다
부산 갈맷길

대변항 젖병등대

오랑대

송정해변

해운대/동백섬

보수동책방골목

자갈치시장/PIFF광장

부산처럼 다채로운 도시가 있을까. 기네스북에도 오른 최첨단 백화점과 달동네가 묘하게 같이 기대고 선 이 도시는 자연도 아름다워 바다와 강, 산이 어우러진다. 최근에 부산시는 부산의 아름다운 길 21곳을 선정해 '갈맷길'이라 이름 짓고 도보여행길을 열었다. 길이라고 해서 새로 뚫은 것은 아니다. 그저 있던 길을 생태와 문화, 이야기에 따라 특징별로 묶어낸 것이다. 그런데 이 길, 식상하지 않다. 가덕도나 낙동강 하구길에서는 때 묻지 않은 자연이, 달동네를 지나 자갈치시장을 거치는 원도심 옛길에선 사람 사는 냄새가 진하게 풍긴다. 어느 곳 하나 탐나지 않는 길이 없다.

　자가용을 탔을 때 보이는 부산과 두 발로 걸을 때 보이는 부산은 확연히 다르다. 이 도시에 이런 면도 있었나, 걸을수록 부산의 매력에 흠뻑 빠져들지 않을 수 없다. 길을 가다 보면 어디에서도 그 유명한 부산갈매기가 끼룩끼룩 울어댄다. '부산갈매기' 한 곡조 읊조리지 않을 수 없고 발걸음은 더없이 가벼워진다.

멸치떨이로 유명한 대변 해안길과 등대로 유명한 서안마을

　대변 해안길은 본래 죽성에서 시작된다. 하루 종일 걸어야 할 코스다. 그러나 사람 욕심이 한 곳에 만족되지 않는 법. 코스를 줄이면 부산의 대표적 명소들인 송정해수욕장과 해운대는 물론, 자갈치시장과 국제시장도 둘러볼 수 있다.

　기장. 그 이름을 듣자마자 떠오르는 것은 미역, 다시마, 그리고 멸치다. 기장의 날 것 그대로의 모습을 볼 수 있는 곳이 바로 대변항이다. 대변항은 멸치떨이로 유명한 포구다. 조업나간 배가 들어오는 오후 4시경부터 포구는 사람들로 북적이고 그물에서 떨어지는 멸치로 온통 은빛으로 물든다. 그러나 아침 일찍 찾은 대변항의 모습은 한산하기만 하다. 그래도 포구 곳곳에 산더미처럼 쌓인 멸치상자나 미역, 다시마를 보는 것만으로도 풍요로운 아침이다. 기장에서만 맛볼 수 있는 멸치찌개로 든든하게 배를 채운 후 대변항 아래쪽의 연화리 서암마을로 향한다. 일출을 보기 위해서였다.

기장의 오랑대나 해동 용궁사가 이미 소문난 일출명소라면 서암마을은 새롭게 떠오르는 일출명소. 이 마을은 독특한 모양새의 등대로 최근 유명해졌다. 마징가 등대, 월드컵 등대, 장승 등대 등 이름만 들어도 대충 모양새가 짐작이 되는 등대들이 여럿이다. 그중 가장 독특한 것은 젖병등대. 젖병등대 아래에는 '젖병등대, 부산의 미래를 밝히다'란 글귀가 새겨져 있는데 한때 13년 동안 전국에서 출산율 꼴찌였던 부산시가 다산의 염원을 담아 만든 등대다. 그런데 재미있는 것은 젖병등대가 세워진 후 2010년에는 출산율 최고를

생 멸치를 볼 수 있는 대변항은 오후 4시경부터 조업 나간 배가 돌아와 북적인다.

기록했다는 것.

동틀 무렵 바다는 처음부터 붉은 게 아니라 파랗게 시작한다. 그러다 붉은 빛이 어린다 싶을 때 해는 불현듯 솟아오른다. 서암마을의 해도 그렇게 떴다. 젖병등대와 어우러진 아침노을은 어찌나 아름답던지 순간 모든 생각이 멈춰질 정도였다.

오랑대로 향한다. 오랑대는 묘하게 사람을 모으는 곳이다. 기암절벽이 아름답다 하지만 대한민국 바닷가에 이만한 절경은 사실 적잖다. 게다가 특별하게 전해오는 이야기도 없다. 그럼에도 사람들은 오랑대에 열광한다. 사진을 좋아하는 이들은 이곳에서의 일출에 열광하며, 무속인들은 기도를 잘 받는 곳이라고 열광한다. 오랑대 위에는 용왕당이 하나 세워져 있는데, 이곳을

출산 최하위였던 부산시에서 다산의 염원을 담아 만든 젖병등대가 있는 서암마을은 새롭게 떠오르고 있는 부산의 일출 명소다.

관리하는 해광사는 무속행위 때문에 다툼이 잦아 골머리를 앓는 모양이어서 엄중한 경고 문구까지 붙여 놓았다.

그런데 이상한 것은 오랑대 앞에 한참을 서 있다 보니 마음, 그것이 흔들렸다. 기암절벽 하나 툭 튀어나와 있고, 그 끝엔 절집 하나 세워져 있을 뿐인 이곳이 내 마음을 흔드는 것이었다. 그것은 이성과 영상으로는 표현될 수 없는 어떤 느낌이었다.

오랑대를 지나 송정해변으로 다가갈수록 한적한 바닷길은 점점 도시색깔로 바뀐다. 그 길 끝에 펼쳐지는 드넓은 백사장은 도회적이면서도 아직 순수함을 잃지 않은 송정해수욕장이다. 해수욕장 입구 죽도 공원은 오래된 소나무 숲과 바다가 어우러진 인상 깊은 곳이다. 여름이라면 해변에서 해수욕

단지 절벽 위에 세워진 작은 절집일 뿐인 오랑대에는 그 흔한 전설 하나 없음에도 불구하고 많은 사람들이 소원을 하나씩 품고 오곤 한다.

을 즐기다 다시 이곳으로 들어와 삼림욕 겸 잠시 낮잠을 청하면 딱 좋을 듯하
다. 아직 바닷물이 찰 때, 신발을 벗고 잠시 해변을 거닐어 보았다. 제법 걸어
뜨겁게 달아올랐던 발의 열기가 한순간에 사라지고 다른 길로의 욕구가 다시
솟구친다.

구덕포, 청사포, 미포를 잇는 해운대 삼포길

대변항에서 송정해변까지의 길이 아기자기하고 투박하다면, 해운대까지
는 초고층 건물과 드넓은 백사장이 펼쳐진 번지르한 도심 속 길이다. 한데 이
상하게도 도심의 빡빡함은 느껴지지 않는다. 구덕포, 청사포, 미포를 잇는 해
운대 삼포길은 도시가 주는 혜택과 자연이 주는 혜택을 동시에 만끽할 수 있
는 길이다. 부산 시민들이 많은 갈맷길 중 가장 걷고 싶은 길로 선택한 이유
를 알 듯했다.

송정해변의 끝 구덕포 바닷가에서 해녀 할머니 한 분이 물질 중이었다.
아직 겨울의 끝인지라 제법 차가운 날씨였다. 최첨단 도시와 가장 오래된 어
업이 어우러지는 묘한 풍경을 만끽하다 오래된 송정역으로 향했다. 부산이란
대도시에 아직 단층 기와지붕을 얹은 역사가 남아 있으리라고는 상상도 못했
다. 게다가 기차는 아직도 길을 멈추지 않았다. 이 간이역에서 무궁화호를 타
면 또 다른 바다 강릉까지 갈 수 있단다. 이미 길 위에 있음에도 불구하고 간
이역, 그것은 다시 훌쩍 떠나고 싶은 충동을 일으키고 있었다.

샛길로 빠져볼까 싶은 충동을 겨우겨우 억누르고 시선을 철길에서 산길
로 옮긴다. 달맞이길의 시작이다. 길 내내 온통 푸른 소나무와 바다로 범벅이

부산시에서 만든 걷기 전용 길인 갈맷길은 해안을 따라 50개의 포구를 잇고 있다.

해운대 앞에 위치한 아쿠아리움은 입장료가 다소 비싸지만 물에 사는 각종 진귀한 생물을 볼 수 있어 가볼 만하다.

었다. 솔향과 바다향에 취해 한 시간 남짓 걸었을까? 청사포와 해월정을 지나니 이국적인 카페와 레스토랑들이 여유로운 모습으로 손님을 기다리고 있다. 그러나 이 길의 명물은 달.

　해운대와 청사포에서의 달맞이는 예로부터 운치 있기로 소문난 절경이다. 달맞이길은 문탠로드로 이어진다. 문탠로드, 참 예쁜 이름이다. 구간별로 이름도 가지각색이다. 달빛꽃잠길, 달빛가온길, 달빛바투길, 달빛함께길, 달빛만남길…. 하얀 백사장이 있으니 선탠이야 당연한 일이지만, 그렇다고 꼭 선탠만 하라는 법은 없잖은가. 문탠이라, 들을수록 멋진 표현이다. 해가 중천이지만 달빛 상상만으로도 길 걷는 와중 온몸이 나긋나긋해진다.

추리문학관을 들러보자. 한국 추리소설의 대부 김성종이 설립했다. 추리문학을 좋아하

해운대에는 너른 바다와 갈매기 외에도 인어나라에서 시집 왔다는 전설 속 황옥공주의 동상이 있다.

지 않더라도 안락한 의자에 앉아 바다가 보이는 창에서 차 한 잔 마시기 좋은 곳이다. 세계 유명작가 사진전을 또한 놓칠 수 없다. 청사포에서 해월정으로 가는 길 초입에 있다.

긴 길 끝에 해운대는 찬란하게 등장했다. 이쪽 끝에서 저쪽 끝까지 아득한 백사장은 여전히 눈부셨고, 많은 사람들이 여전히 고운 모래에 이름을 새기면서 추억 남기기에 열중하고 있었다. 관에서 아무리 말려도 사람들은 아랑곳하지 않고 새우깡을 던져댔고 갈매기들은 본능처럼 새우깡 따라 이곳저곳을 분주히 오갔다.

한참 동안 벤치에 앉아 해운대 풍경에 젖어들다 보니 오래된 기억들이 새록새록 떠오른다. 겁 없던 시절, 나는 비바람을 뚫고 해운대에 왔었다. 태풍이 올라오고 있어 집이 날아가지 않을까 모두들 문을 꽁꽁 닫은 날이었다. 목적지는 지금도 해운대 앞을 지키고 있는 모 호텔. 애인을 만나기 위해서가 아

니었다. 태풍 올 때, 그 호텔 1층 커피숍에 앉아 있으면 거대한 파도가 덮칠 듯 밀려와 창으로 쏟아지는데 그만큼 거대하고 스릴 만점 풍경이 없다는 말을 듣고 기필코 그곳에서 세상에서 가장 아슬아슬한 커피를 맛보기 위해서였다. 그런데 막상 도착하고 보니 그곳에는 나와 같은 목적을 갖고 온 사람들이 많아 이미 줄까지 서 있었다. 결국 한참을 기다리다 포기하고 돌아올 수밖에 없었다. 그러나 세상에서 가장 아슬아슬한 커피를 맛보긴 했다. 수백 개의 간판들이 내 머리를 향해 돌진할 것처럼 윙윙대는 길거리에서 뽑아든 자판기 커피가 바로 그것이었다.

해운대를 그저 백사장과 갈매기만으로 기억한다면 서운할 일이다. 꼭 달 맞이길에 오르지 않더라도 해변 끝 동백섬을 거닐다 보면 아름드리 동백나무와 소나무가 어우러진 운치 있는 바다를 만날 수 있다.

사람들이 해운대에 열광한 것은 어제 오늘의 일이 아니었나 보다. 일찍이 신라의 대문호였던 최치원은 이곳을 거닐다 절경에 심취하여 자신의 자(字)인 해운(海雲)을 따서 '해운대(海雲臺)'라는 세 글자를 새겼다는데, 지금 해운대의 이름이 여기에서 비롯되었다. 지금도 동백섬 가파른 절벽에는 최치원의 글씨가 남아 있다. 전설도 내려온다. 인어나라 미란다국에서 무궁나라 은혜왕에게 시집온 황옥공주가 보름달이 뜨는 밤마다 고향을 바라보며 그리움을 달랬다는 얘기다. 지금도 동백섬 갯바위에는 인어공주가 앉아 향수를 달래고 있다.

이야기 따라 길을 걷다 보면 2005년 APEC정상 회의 장소였던 누리마루 하우스 앞이다. 전설은 사라지고, 광안대교와 어우러진 현재 부산의 멋들어진 자태가 환호성을 자아낸다.

삼포 중 청사포는 조개구이가 유명하고, 달맞이길이 끝나는 미포는 회와 대구탕이 유명한 곳이다. 바다 맛이 간절한 사람은 점심을 이곳에서 먹어 보자. 그러나 과식은 금물이다. 먹을거리 천국, 자갈치와 국제시장이 기다리고 있으니까.

자갈치 시장과 국제시장, PIFF 광장을 하나로 잇다

해운대에서 자갈치시장으로 가는 길은 좀 먼 편이다. 퇴근시간대 버스로 간다면 길은 더 멀어진다. 그래서 보통 지하철을 이용한다. 가장 도시적인 교통수단 지하철을 타고 가면 가장 오래된 옛 도심을 만나게 된다. 사람 사는 냄새가 진득하게 풍기는 곳이다.

부산의 대명사이자 대한민국에서 가장 유명한 자갈치시장. 순종4년에 생긴 시장이니 역사도 꽤 오래되었다. 자갈치란 독특한 이름은 시장이 자리한 남항 일대에 유난히 자갈이 많았기에 붙여진 이름이다. 도시가 커가면서 그 많던 자갈밭은 사라졌지만, 일명 '자갈치 아즈매'로 불리는 아주머니들의 호객 소리는 지금도 그치지 않는다.

자갈치 뒤쪽 막다른 골목에 다다르면 영도다리다. 그러나 다음에 다시 부산을 찾았을 때, 이 영도다리를 볼 수 없을지도 모른다. 일제 강점기 시절인 1934년 3월에 준공된 영도다리는 하루 여섯 번 선박이 통과할 때마다 다리 상판을 들어 올려 배를 통과시킨 우리나라 유일의 도개교이자 부산의 명물이다. 그러나 107층 규모의 부산롯데월드 건립을 위해 이 다리는 철거되고 그 자리에는 대신 영도대교가 건설될 예정이다. 이미 공사는 진행 중이었다.

부산국제영화제가 열리는 PIFF 광장
은 영화제 기간이 아니어도 바닥에
있는 유명인의 핸드 프린트를 보는
재미가 크다.

자갈치에서 도로만 건너면 PIFF 광장이다. 부산국제영화제 기간이 아니
어도 바닥 여기저기 세계적인 영화인들의 핸드 프린트를 보는 것만으로도 즐
거운 거리다. 한때 좋아했던 영화 〈베를린 천사의 시〉의 감독 빔 밴더스의 핸
드 프린트도 길바닥에서 발견했다.

순종 4년에 생긴 역사 깊은 재래시장인 자갈치 시장은 남항 일대에 자갈이 유난히 많아 붙여진 이름이다.

PIFF 광장 이쪽저쪽은 온통 시장골목이다. 그 유명한 국제시장, 깡통시장, 부평시장의 골목과 골목이 미로처럼 얽혀 있어 조금만 걷다 보면 이게 어느 시장인지 알 수 없을 정도다. 복잡한 골목처럼 시장의 역사 또한 복잡하다.

1945년 수많은 일본인들이 고개를 푹 숙이고 부산으로 몰려들었다. 귀국선을 타기 위해서였다. 비록 패망했다 하지만 그들의 짐짝엔 강점기 시절 착취한 엄청난 재물이 있었다. 한데 유감스럽게도 귀국선에 실을 수 있는 짐짝은 제한되어 있었다. 어쩔 수 없이 짐짝들을 팔 수 밖에 없었고 그 짐짝들이 거래되기 시작한 곳이 지금의 국제시장이다. 일본인들의 귀국행렬이 끝난 후에는 일본에서 귀국선이 들어왔다. 일본에서 온 동포들은 그들이 가져온 일본 물건을 이곳에서 팔아 한밑천 잡아 고향으로 돌아갔다. '도떼기 시장'이란 명칭은 그래서 생겨났다.

그러나 일제에 대한 인식이 좋지 않은 시절이라 이 일본식 이름은 곧 '자유시장'이란 이름으로 바뀐다. 자유시장이 다시 국제시장으로 바뀐 건 미국이 주둔하게 되면서부터다. 시장에 미제, 일제, 국산 수공업품이 어우러져 국제적 마켓이 되었으니 자연스레 '국제시장'이 된 것이다. 6.25전쟁 중에는 실향민들이 미군부대 주변에서 껌, 초콜릿, 담배 등을 값싸게 구해 이곳에다 좌판을 벌였다. 고향을 잃은 그들에겐 이 시장이 마지막 배수진이었다. 결국 그들은 토박이 상인들을 몰아내고 절반 이상의 상점을 차지하게 된다.

노래 '굳세어라 금순아'에서 '일가친척 없는 몸이 / 지금은 무엇하나 / 이 내 몸은 / 국제시장 장사치이다'라는 가사가 이해되는 대목이다. 전쟁 후 5.16 전까지는 밀수품이 판을 쳤다. 불공정한 물건이 판을 치니 깡패들이 꼬이지 않을 수 없었다. 영화 〈친구〉는 바로 그 시대가 배경이다.

세월은 변해 이젠 대부분 질 좋고 값싼 국산물품이 상점에 자리잡고 있지만, 지금도 골목 중간중간 구제품이라 불리는 물건들을 잔뜩 쌓아놓은 상점들을 만날 수 있고, 깡통시장에 가면 세계 각국에서 건너온 캔 식료품이 잔뜩 쌓여 있어 신기하기까지 하다.

나이 먹은 종이 향에 취하다, 보수동 책방골목

　골목은 골목을 낳는다. 국제시장 골목 끝은 다시 보수동 헌책방골목으로 이어진다. 6.25 이후 부산이 임시 수도가 되었을 때 사람만 피난 온 것이 아니라 학교도 피난을 왔다. 모두가 어려웠던 시절이었다. 새 책 구하기가 쉽지 않았던 그때 그 시절, 학생들의 통학로로 붐비던 보수동에 하나둘씩 헌책방들이 들어서기 시작했다. 보수동 책방골목은 그렇게 시작되었다.

　한 책방에 들러 1년 전 나온 잡지 한 권을 찾았다. 내 사진과 글이 실렸는데 미처 보지 못했던 게 떠오른 까닭이다. 주인장은 곧바로 서가 한 곳에서 잡지를 꺼내왔다. 내가 놀란 표정으로 이 많은 책들의 위치를 다 기억하느냐

시간을 거스른 듯 오래된 책이 주는 편안함을 느낄 수 있는 보수동 책방골목.

물었더니 거의 다 기억한단다. 그러나 인터넷서점에 밀리고, E-Book에 밀려 이 책방골목도 생기를 잃어가고 있었다. 이제 보수동 책방골목은 언제 사라질지 모르는 운명에 처해 있었다.

그러나 희망이 아예 사라진 것은 아니다. 한 헌책방에 들어가 보니 아래층은 차를 마실 수도 있는 카페였다. 일종의 북 카페. 헌책방의 생존을 위한 몸부림. 사실, 이곳이야말로 진정한 북 카페다. 그저 장식용이 아니라 책이 주가 된 아늑한 곳. 나이 들어가는 종이 냄새처럼 좋은 향이 있을까. 디지털로는 도저히 따라올 수 없는 것도 있는 법이다. 그곳에서 오랜만에 아늑하고 편안한 휴식 한 모금을 취하고 다시 길을 나섰다. 자갈치 시장의 싱싱한 횟감들이 반겨줄 터였다.

느림보 따라하기

보수동 끝의 계단을 따라 걸어보자. 벽화골목이다. 그저 벽화가 아니라 이야기가 있는 벽화골목이다. 벽화골목 끝에 다다르면 자갈치와 국제시장을 시원하게 전망할 수도 있다.

부산 갈맷길 도보여행을 위한 Tip

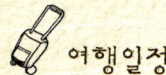 **여행일정**

도보여행 대변항 ⋯ 서암마을(젖병등대) ⋯ 오랑대공원(해광사) ⋯ 해동용궁사 ⋯ 송정해변 ⋯ 달맞이길/문탠로드 ⋯ 해운대 ⋯ 동백섬 ⋯ (지하철 이동) ⋯ 자갈치시장, PIFF 광장, 국제시장, 깡통시장, 부평시장 ⋯ 보수동책방골목 (총 25km)

일출을 보기 위해서는 대변항이나 연화리 서암마을 주변에서 숙박을 하는 것이 좋다.

1박2일 코스 도보여행 + 부산에는 현재 21곳의 갈맷길이 열려 있다. 자신이 가고 싶은 부산의 명소들을 선택해서 마음껏 도보여행을 즐겨보자. (갈맷길 참조 : http://gmap.busan.go.kr)

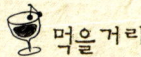 **먹을거리**

자갈치 시장 주변 곰장어구이, 생선구이, 돼지껍데기, 돼지국밥 등이 별미. 회센타에 가면 자신이 원하는 어종을 골라 즉석에서 회를 떠서 맛볼 수도 있다.

대변항 주변 대변항에서는 멸치회, 멸치찌개 등 별미를 맛볼 수 있다. 대변항에서 1km 아래 연화리 서암마을에는 해산물모듬이 유명하다. 1인 2만 원 정도면 배불리 다양한 해산물을 맛볼 수 있다.

해운대 주변 청사포쪽엔 조개구이가 유명하고, 달맞이길이 시작되는 미포는 회와 대구탕이 유명하다. 간단한 식사를 원하는 사람이라면 31번 버스 종점으로 가면 된다. 오래된 소머리국밥집들이 즐비한데 가격도 착하고 맛도 그만이다.

시장 군것질 PIFF 광장 앞 〈1박2일〉에서 이승기가 먹었다는 견과류가 듬뿍 들어간 찹쌀 호떡과 정신없을 정도로 매운 순대떡볶이, 국제시장에서는 양념당면이 꽉 찬 유부를 우동처럼 먹을 수 있는 유부동, 부평시장에서는 비빔냉면, 보수동 책방골목에서는 도넛을 빼놓을 수 없다.

 **숙소**

대도시인지라 어디서나 숙박업소를 쉽게 찾을 수 있다. 대변항 젖병등대의 일출을 보고 싶다면 서암마을에 위치한 '초콜릿호텔'을 추천. 해운대 쪽에서는 '프리호텔', 도미토리 형식의 게스트하우스로는 '더플래닛게스트하우스'를 추천

전통,
아름다운 길을
세 번째 느리게 걷기  걷다

노천 박물관을 걷다
경주

《삼국유사》에서는 경주를 절이 하늘의 별 만큼 많고 탑은 기러기처럼 줄지어 서 있는 곳
이라 표현했다. 옛날뿐 아니라 지금도 경주는 발 딛는 곳마다 문화재다. 오죽하면 시 전
체가 역사유적지로는 유일하게 국립공원으로 지정되었을까. 그 중심엔 경주 남산이 있
다. 경주 사람들은 '남산을 보지 않고는 경주를 본 것이 아니다'라고 말한다. 석굴암도
아니고, 불국사도 아니고, 첨성대도 아니고 경주 남산이란다.

남산에 오르려 지도책을 펴놓고 보니 참 난감해졌다. 등산로가 이렇게 많을 줄이야! 게다가 골골마다 문화재 표시로 도배가 되어 있으니, 어느 코스를 선택해야 할지 감을 잡을 수 없었다. 보통 금오산과 고위산을 아울러 남산이라 하니 우선 그 두 곳을 둘러보기로 결정! 새벽같이 일어나 팔우정 해장국 골목에서 뜨끈한 묵밥 한 그릇을 먹고 금오산으로 향했다.

금오산 오르는 길에서 만나는 배리 삼존불과 경애왕릉

본래 배리 삼릉에서 산행을 시작할 예정이었기에 버스 기사님께 그 앞에서 내려달라 미리 부탁을 해놓았건만, 정작 내려준 곳은 배리 삼존불로 가는 길 앞에서였다. 삼존불에서 삼릉까지의 거리는 도보로 고작 10여 분 거리였지만, 첫 단추부터 잘못 끼운 듯하여 입술이 절로 튀어나온다. 발도 투덜댄다.

그렇게 도착한 배리 삼존불(보물 제63호). 간사한 게 사람이라더니 뽀로통하던 입술이 갑자기 함지박만해진다. 2m가 넘는 세 석불이 내게 일제히 미소를 지어 주신다. 너무 온화한 미소다. 서산 마애불이 백제의 미소라면 배리삼존불은 신라의 미소. 그 미소에 젖어들지 않을 사람 누가 있을까! 특히 왼쪽 협시불의 정교한 조각과 아름다움은 가슴까지 뛰게 할 정도였다. 투덜대

경주가 노천 박물관이라 불리는 이유를 알 수 있을 만큼 걸음걸음 유물을 만날 수 있는 금오산. 사진은 배리 삼존불(좌)과 삼릉숲(우).

던 마음은 송구해지고 기사님께 감사한 마음만이 가득해진다.

배리 삼존불을 지나 그 유명한 삼릉숲에 들어섰다. 초등학교 수학여행 때 이 울창한 송림에 반했었는데, 숲은 더 깊어지고 아름다워졌다. 솔 숲길을 지나 배리 삼릉(사적 219호) 앞에 섰다. 몇 대 누구누구의 왕릉이라 하긴 하지만, 신라 고분 대부분이 그렇듯 정확히 임자가 밝혀진 고분은 없으니 따져봤자 아무 의미 없는 일이었다.

그러나 삼릉 옆 경애왕릉 앞에선 이름을 생각하지 않을 수 없었다. 포석정 앞에 잔 띄우고 세월아 네월아를 읊다 견훤에게 죽임을 당한 바로 그 신라의 비운의 왕이다. 이 고분 역시 임자가 확실한 건 아니지만, 경애왕릉이 맞다면 차라리 이름을 밝히고 싶지 않았을 듯하다. 만약 아니라면 본래의 임자가 참 억울할 터이고. 이름 석 자, 부르기는 쉽지만 지키기도 버리기도 참 어려운 듯해 쓴 웃음이 나왔다.

경애왕릉을 지나면 본격적인 산행의 시작이다. 남산, 그리 높다 할 순 없지만 제법 경사가 심해 녹록한 산은 아니다. 그렇다고 겁먹을 이유는 없다. 노천 박물관이라더니, 금오산 정상에 오르는 동안 만나게 되는 수많은 석불들은 딱 힘들어질 만하면 쉬어갈 자리를 내어준다.

머리가 사라진 냉골석조여래좌상을 지나면 숨바꼭질하듯 산길 옆으로 숨은 마애관음보살입상이 먼 곳을 향해 미소를 짓는다. 선각육존불은 바위에 새긴 게 아니라 어느 선승이 단숨에 붓을 그어 완성한 듯 선이 유려하다. 마애여래좌상은 자연 암반이 갈라진 틈을 연화좌대로 처리한 센스가 돋보인다. 석조여래좌상은 투박하면서도 남성적인 모습이지만 뒤로 돌아가면 광배 사이로 날씬한 허리가 돋보이는 유려한 뒤태를 지니고 있어 자꾸만 주위를 빙글빙글 돌아보게 한다. 선각마애여래상은 투박하지만 30m 절벽 끝에 새겨져 있어 우러러보지 않을 수 없다.

느림보 따라하기

느리게 걷자. 산행이라 급한 마음에 서두른다면 자칫 아름다운 불상들을 놓칠 수도 있다. 가쁜 숨도 고를 겸, 쉬어가며 신라인들의 신앙과 아름다운 불교예술에 취해보자.

신라 사람들은 왜 남산 바위에 부처를 새겼을까?

남산은 경주 사람들에게 성스러운 산이었다. 불교가 들어오기 전, 신라인들은 남산의 바위에 하늘신과 땅신이 산다고 믿었단다. 불교가 공인되어 점차 대중화되자 신라인들은 기존에 그들이 믿었던 신성한 돌에 부처를 새기기 시작했다.

　상선암을 지나면 거대한 자연암반 벽면에 6m 높이로 양각된 상선암 마애대좌불이 시선을 사로잡는다. 거대한 규모도 규모거니와, 조각된 수법이 특별하다. 불상의 머리 부분은 확연한 양각인데 몸을 지나 아래로 내려갈수록 선은 희미해져 바위처럼 보인다. 바위가 붓다인지 붓다가 바위인지 구분되지 않는 모습이다. 어찌 보면 바위 속에 있던 붓다가 스르르 나오고 있는 것처럼 보이기도 한다. 토속종교와 불교는 남산에서 그렇게 하나가 되어갔을 것이다. 그렇게 남산은 토속 신들의 산에서 붓다의 수미산이 되어갔을 것이다.

　바둑바위에 이르니 남산의 석불들이 자비의 눈빛으로 바라보던 땅, 드넓은 서라벌이 한눈에 들어오기 시작했다. 금오산(해발 468m) 정상에서 용장사 터로 내려가는 길, 가파른 벼랑 끝에 선 석탑 하나, 홀연 나타난다. 용장사지 삼층석탑(보물 186호)이다.

　절집도 없고 그나마 탑 끝은 잘려 삼층밖에 남지 않았지만, 존재감은 허허로운 산허리를 꽉 채운 듯하다. 가까이 다가가 보니 놀랍게도 맨 아래 기단이 자연석이다. 이미 천 년 전에 신라인들은 석탑 하나를 세우더라도 이런 식으로 자연과의 조화를 모색했구나 싶다. 그뿐 아니다. 그들은 남산의 돌 위에

경주가 내려다보이는 용장사지 삼층석탑의 맨 아래
기단은 바위를 깎아 만든 것으로
자연과의 조화가 돋보인다.

탑을 세움으로써 남산 아래의 땅 전체를 불국토로 만들었다. 공간의 무한대
확장이다.

탑돌이나 하듯 정중한 마음으로 탑 주위를 맴돌다 내려가 보니 이번엔 용
장사 마애여래좌상(보물 제913호)이 여행자를 맞는다. 자애로운 얼굴빛은 물론
이요, 깃털이 살랑 바람에 날리듯 가사의 흐름 하나하나가 자연스러워 바라
보는 마음이 편해진다. 마애여래좌상 앞에는 삼륜대좌불(보물 제187호)이 사바
세상을 향해 앉아 계신다. 한데 끔찍하게도 목이 사라졌다. 전설에 의하면 이
미륵부처는 자신의 주위를 돌며 기도하는 스님을 따라 고개를 돌리셨단다.
모든 소망을 들어주실 듯 자애롭게 웃어주셨을 게 분명하다. 한데 미륵불의
얼굴은 어디로 사라졌을까?

전해지는 말에 따르면 유학이 흥했던 조선시대 골수유학자들에 의한 의
도적 훼손이 심했다고 한다. 남산, 발에 걸리는 게 문화유산이지만 제대로 보
존된 것은 그리 많지 않다. 사라진 건 이 붓다의 목만이 아니다. 이곳은 용장
사지. 조선 초기의 매월당 김시습이 최초의 한문소설《금오신화》를 완성한 곳
이자, 용장사라는 큰 절이 있었던 곳이라는데 지금은 휑하기만 하다.

경주 남산의 또 다른 내산인 고위산 역시 아담한 산에 수많은 신라의 유물이 있다.

느림보 따라하기

금오산 자락에는 약수터도 드물고 식사할 곳이 없다. 산행이니 간식과 식수를 넉넉히 준비하자.

고위산 가는 길에 만나는 천룡사지

본래 하루는 금오산, 다음날 하루는 고위산에 오를 예정이었다. 그러나 용장사지를 지나 설잠교까지 내려왔을 땐 아직도 해가 중천이었다. 걸음을 멈추기엔 아쉬운 감이 있어 지도를 보니 고위산까지도 가능할 듯하다. 걸음을 서둔다.

용장골에서 천룡사 가는 길은 제법 붐비던 삼릉계곡과는 달리 한적하고 평탄했다. 여유롭게 숲길을 즐기기엔 딱 좋은 길이다. 중간에 배가 고파 너럭바위에 걸터앉아 배낭을 연다. 그런데 낭패다. 산행하며 먹으려 준비했던 사과 두 개를 숙소에 놓고 온 것. 산행을 접어야 할까 고민하면서도 걷노라니 환상처럼 사람들로 꽉 찬 밥집 하나가 나타났다. 메뉴는 산채정식 한 가지인

때로는 담백하고 때로는 화려한 것이 바로 신라 불교의 멋이다. 사진은 남산리 칠층석탑(좌)과 칠불암 마애석군불(우).

데 참 푸짐하다. 오래 전 등산하던 사람들이 종종 밥 한 끼 얻어먹던 집이라는데, 그게 소문이 나서 이렇게 번성한 식당이 되었단다. 밥 공양이 복으로 돌아왔나 보다. 5천원에 산중에서 만나는 수라상 같은 밥상은 지금도 공양이라 할 만하다. 제대로 된 밥상은 사람을 얼마나 행복하게 해주는지!

　흐뭇한 마음으로 도착한 천룡사지 삼층석탑(보물 제1188호). 예전엔 천룡사라는 아주 큰 절이 있었다 하는데 사라진 지 오래고, 7m가 넘는 삼층 석탑 하나와 초가법당 하나가 옛 영화를 추억하고 있을 뿐이었다. 그러나 다행히 아늑해 보였다. 주위를 둘러싼 넉넉한 들판과 부드러운 산세 때문이었다. 그 길 따라 천천히 산길을 오르고 또 오르니 시야가 탁 트이며 아름다운 바위능선이 이어진다. 고위산 정상이었다.

느림보 따라하기
　하루에 남산과 고위산을 모두 둘러볼 사람이라면 천룡사지 근처에서 식사를 하면 좋다. 천룡사 근처엔 식당이 두 개 있는데, 두 집 모두 할머니가 차려주신 밥상마냥 구수하고 푸짐하다.

훈훈한 마음, 아름다운 풍경, 칠불암 & 마애석불군

칠불암에 도착했을 땐 물 한 모금이 간절하던 찰나였다. 용장골에서 올라와도, 남산동에서 올라와도 딱 그럴 위치다. 암자는 초라해 보이지만 그 자리 그곳에서 만난 문구는 반가웠다. '커피, 식혜 드세요. 무료입니다. 좋은날 되소서.' 식혜와 커피자판기 옆에는 무료라곤 하지만 당연히 있어야 할 불전함이 없었다. 찬찬히 식혜공양을 받으며 비구니승의 독경소리를 듣노라니 마음이 훈훈해진다. 귀한 마음이 고마워 약소하나마 불전을 올릴 요량으로 법당 안으로 들어서니 법당에 불상은 없고 유리창 하나만 덩그러니 나 있다. 유리창 밖으로 보이는 건 마애석불(보물 제200호)!

거대한 자연암반 두 개에 일곱 분의 부처가 새겨진 칠불암 마애석불군은 불교 예술의 극치다. 거기에 절집의 지극한 마음까지 있으니 더 바랄 게 없었다. 칠불암은 가장 초라한 암자이거니와 가장 화려한 암자이기도 했다.

이젠 흔적만 남은 염리사지를 지나니 남산리 삼층석탑(보물 제124호)이 보인다. 이 삼층석탑은 어쩐지 불국사의 다보탑과 석가탑을 연상시키는 쌍탑이었지만, 모양새는 전탑을 흉내냈다. 기단부에 불법을 수호한다는 팔부신중이 양각으로 새겨진 점이 이채롭다. 석탑의 위치는 산과 들의 경계. 그래서인지 붓다의 세계인 수미산(남산)으로 향하는 이정표처럼 느껴지기도 했다.

경주시로 향하는 길에 뜻하지 않게 서출지(사적 제138호)와 마주쳤다. 신라시대부터 내려오는 오래된 저수지로 음모를 암시하는 종이가 나와서 소지왕의 목숨을 구했다는 전설로 유명한 곳이다. 뿐만 아니라 조선시대에 지어진 이요당이라는 정자와 어우러진 연꽃이 아름다워 전국적인 연꽃지의 명소이기도 하다. 잠시 서출지에 앉아 뉘엿뉘엿 지는 해를 바라보다 다시 길을 나섰다.

신라시대 왕궁의 후원이었던 안압지는 연못이 피어나는 아침에도 장관이지만 한밤의 평화로움도 이루 말할 수 없다.

신라의 달밤

　서라벌에 밤이 깊으니 달이 떴다. 아름다운 문화재들 사이로 먼지처럼 내려앉은 조잡한 현대문명의 흔적들은 어둠에 묻히는 시간. 오로지 천 년 전 신라인들의 흔적만이 조명 아래 신비스러운 모습을 드러내는 시간이다.

　수학여행 단골코스인 안압지와 첨성대, 계림, 대릉원에 가보지 않은 사람

'신라의 달밤'을 경험하지 않고는 진정한 경주를 보았다고 하기 힘들다. 현대 문물은 어둠속에 사라지고 신비한 조명속에 고고히 드러내는 천년의 신라 모습은 마치 시간을 되돌린 느낌마저 든다.

은 없을 듯하니, 이 명소들을 거니는 길이라 하면 고개를 저을 수도 있겠다. 그렇다면 정말 유감이다. 남산도 남산이지만, 신라의 달밤을 보지 못한 사람들 역시 경주를 다 보았다고는 할 수 없을 테니까.

밤에 찾은 안압지는 그 존재감이 더욱 두드러졌다. 세상의 소음은 사라지고 오로지 벌레 우는 소리만이 정적을 깨운다. 낮에 안압지 너머로 보이던 콘크리트 빌딩들이 어둠속으로 사라지자, 신기하게도 안압지의 전각들은 두 배로 늘어났다. 물 위의 전각이 하나요, 물 아래의 전각이 다른 하나다. 마술을 부린 듯 눈을 뗄 수 없는 풍경이다.

빼어난 아름다움 앞에선 오히려 고요해지기 마련이다. 안압지를 거니는 모든 사람들은 소곤대고 발소리를 죽인다. 안압지를 걷노라면 시간은 거꾸로 흘러 천 년 전으로 향하고 생각은 정지된다. 확대된 동공 속엔 오로지 천 년 전 화려했던 안압지의 운치 있는 밤만 들어올 뿐이다.

안압지를 지나고 석빙고를 지나면 온통 황금숲, 계림이다. 계림을 지나고 반월성을 지나면 첨성대. 혹자는 이곳이 별을 관찰하던 곳이 아니라 제단이었다고 주장하기도 한다. 신라 사람들은 이곳에서 정말 별을 관찰했을까? 새까만 밤하늘 아래 황금빛 유려한 몸짓을 하늘로 뻗은 첨성대 아래 서면 저절로 깨닫게 될 일이다.

아무리 불을 밝혔다지만 대릉원을 가기 전 좀 께름칙했다. 말이 좋아 대릉원이지 천년 전 왕들의 공동묘지 아닌가. 밤에 산책하는 죽은 자의 세상은 생각만으로도 어쩐지 으스스했다. 그러나 막상 대릉원을 걷다 보니 의외로 마음은 침착해지고 삶과 죽음이 담담하게 다가온다. 수천 년 전의 사람들과 어깨를 나란히 하며 대화라도 할 수 있을 듯하다. 경주의 밤은 모든 시간을 천년 전으로 되돌리는 마력을 지닌다. 그야말로 신라의 달밤이다!

경주 도보여행을 위한 Tip

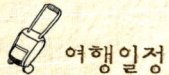 여행일정

도보여행

금오산 코스 배리삼존불 ⋯▶ 삼릉 ⋯▶ 상선암 ⋯▶ 금오산 ⋯▶ 용장사지 ⋯▶ 용장골 (6km)

고위산 코스 용장골 ⋯▶ 천룡사지 ⋯▶ 고위산 ⋯▶ 칠불암 ⋯▶ 남산리 삼층석탑 ⋯▶ 서출지 ⋯▶ 정강왕릉 ⋯▶ 헌강왕릉(총 6km)

신라의 달밤 안압지 ⋯▶ 석빙고 ⋯▶ 계림 ⋯▶ 첨성대 ⋯▶ 대릉원 (3.8km)

단, 산행에 자신 없는 사람 또는 일정을 늦게 시작하는 사람이라면 하나만 선택하자. 산행에 자신 없는 경우, 남산 둘레를 돌아볼 수 있는 코스를 추천(경주남산연구소 http://www.kjnamsan.org)

1박2일 코스 도보여행 +

경주 남산 코스 경주 남산은 하루로는 모두 돌아볼 수 없다. 남산에 매력을 느낀 사람이라면 나머지 코스도 선택하여 다채로운 남산을 즐겨보자.

시티투어버스 여행 불국사와 석굴암, 동해 대왕암과 감은사, 안동 하회마을과 버금가는 양동마을 등 다양한 투어코스가 있다. 경주시티투어 홈페이지(http://cmtour.co.kr)에서 정확한 정보를 얻을 수 있다.

 먹을거리

황남빵 부드럽고 고소한 반죽과 듬뿍 들어간 팥고명이 환상적으로 어우러진다. 터미널 근처 '황남빵'이 원조집.

화산불고기 한우 암소의 갈비살만을 사용하면서도 저렴한 가격으로 유명하다. 경주시 천북면에 화산불고기단지가 형성되어 있다. '운수대통가든'이 유명.

팔우정 해장국 골목 경주시 황우동에 밀집한 해장국 골목이다. 특히 묵해장국이 깔끔하고 담백한 것으로 유명하다. 대부분의 집들이 맛깔스럽다.

그 외 대릉원 앞의 '도솔천'은 경주의 대표적인 맛집이다. 수라상정식 추천. 가격도 저렴하고 내용도 알차며 맛있다. 보문단지 북군동의 순두부촌에서는 '흥부네'를 추천.

 숙소

대한민국 대표 관광지인지라 고급호텔에서 저렴한 숙소까지 다양하다. 보문단지 쪽에 깔끔하고 고급스러운 숙소들이 많다. 단, 관광 성수기철엔 예약 필수. 나 홀로 여행자들에겐 경주역 근처 '경주게스트하우스' 추천.

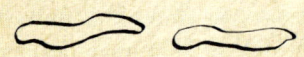

낙동강 위에 핀
연꽃길을 걷다
안동 하회마을

겸암정사 · 부용대 · 하회마을 · 병산서원

다양한 매체에서 많이 소개돼 미처 가지 않은 사람마저 마치 고향집 일인 양 속속들이
훤하다. 그러니 하회마을로의 여행은 뻔한 이야기 같아 재미없게 느껴질 수도 있겠다.
그럼에도 그 뻔한 이야기를 따라 다시 길을 나선다. 하회마을은 아무리 읽어도 질리지
않고 새롭게 다가오는 고전이기 때문이다.

이른 아침, 안동에서 버스를 타고 하회마을로 갔다. 길은 본래 병산서원에서 시작할 예정이었지만, 서원으로 가는 이른 아침 버스가 없어 하회마을에 내려 택시를 탔다. 5km 남짓한 거리의 병산서원으로 가는 길 내내 낙동강물줄기가 계속 이어졌다. 병산서원은 서원 건축의 백미이자 건축가들의 답사 1번지로 손꼽히는 곳. 벌써 여러 번 찾은 곳인데도 올 때마다 새롭다. 특히 여름부터 초가을까지 배롱나무가 꽃피는 시절의 모습은 정말 아름답다. 정문인 복례문을 지나면 그 유명한 만대루다.

병산서원 통시에서 볼일 한 번 보라

선암사 뒷간이 우리나라에서 가장 아름다운 해우소라면 병산서원의 통시(뒷간의 경상도 사투리)는 우리나라에서 가장 재미있는 해우소다. 서원에는 두개의 뒷간이 있다. 사방을 꽉 막아 기와를 얹어 놓은 곳은 점잖은 뒷간으로유생용이고, 문짝도 없이 입구와 천정이 확 뚫린 뒷간은 일꾼용이다. 시선을모으는 건 양반용이 아니라 일꾼들이 사용하던 통시다. 입구에 문은 없지만,마치 달팽이집 모양으로 빙 돌아가는 입구 때문에 안은 보이지 않는다. 기하학적인 모양새가 독특하여 슬쩍 안으로 들어가 앉아 본다. 널찍한 원형 공간인 데다가 하늘이 뻥 뚫려 있으니 시원스럽다. 만약 문만 있었더라면 그야말로 유쾌하고 통쾌하게 일을 볼 수 있을 듯하다.

만대루는 병산서원을 대표하는 건물로, 웅장하고도 널찍한 누각이지만 위압적이지 않고 주변 산세와 잘 어우러진다. 누각에 오르는 아름드리 통나무 계단 하며 자연석을 그대로 사용한 주춧돌, 비뚤비뚤 자란 나무를 사용한 기둥 등 건물 자체가 매우 자연스럽다.

누각에 오르면 드넓은 백사장과 유유히 흐르는 낙동강 위에 병풍처럼 펼쳐진 앞산이 푸른 그림자를 드리운다. 그 옛날 밤낮 없는 공부로 스트레스 쌓

웅장하지만 위압적이지 않은 만대루는 병산서원을 대표한다.

마을을 강이 휘감고 돌아, 하회(河回)마을이라 한다.

인 유생들에게 이보다 더 좋은 휴식은 없었을 듯하다. 불쑥 솟은 복례문이 슬쩍 눈에 거슬린다는 점이 옥에 티. 본래 복례문은 서원의 동쪽에 있었는데 1921년에 서원의 정중앙 축인 지금의 자리로 옮긴 것이다. 그것이 서원의 규격화된 양식이라고는 하지만 어쩐지 답답해 보인다.

느림보 따라하기

병산서원 가는 버스는 안동터미널에서 하루 딱 2회 운행한다. (10:30분, 14:40분) 교통편이 좋지 않으니 하회마을까지 버스로 이동 후 택시로 이동하는 게 편하다. 하회마을에 내려 병산서원까지 산책로 따라 도보여행 후, 병산서원에서 출발하는 첫 버스로 하회마을로 가는 방법도 좋다.

물 위에 핀 연꽃 하회마을, 구석구석 오래 걷다

하회마을은 풍산 류씨가 600여 년 간 대대로 살아온 우리나라의 대표적 씨족마을이다. 하회(河回), 물이 돌아간다는 뜻이다. 이름 그대로 낙동강이 S자 모양으로 마을을 수호하듯 감싸 돌아간다. 그래서일까? 조선팔도를 쑥대밭으로 만들었던 임진왜란의 전화도 이곳을 비껴갔다. 덕분에 이 마을은 오래전 원형이 가장 잘 보존된 마을로 손꼽힌다. 마을의 모습이나 건물은 물론, 풍습 또한 예전 그대로다. 국보로 지정된 하회탈 등의 문화재가 둘이고, 보물로 지정된 문화재가 넷, 그 외 중요민속자료로 지정된 건축물만 해도 10여 채가 넘으니 마을 전체가 살아 있는 건축사박물관이고 민속박물관이다. 2010년 7월에는 유네스코 세계문화유산으로도 등재되었다.

전통이 살아 있는 하회마을 정중앙에는 600년 된 느티나무 신목이 마을을 수호하듯 서 있다.

하회마을은 크게 북촌과 남촌으로 나뉘지만, 마을 규모가 아주 큰 편은 아니어서 골목골목 꼼꼼히 돌아도 세 시간 정도면 충분하다. 대한민국을 대표하는 양반마을에 왔으니 인사부터 올리는 게 예의일 듯. 수백 년 간 마을의 구심점이자 지킴이 역할을 해온 삼신당으로 가장 먼저 향한다.

삼신당은 오래 전부터 마을의 구심점이 되어온 곳으로 유명한 하회 별신 굿놀이의 탈놀이 춤판이 가장 먼저 행해지는 곳이기도 하다. 특히 수령 600년을 훌쩍 넘는 삼신당 신목(느티나무)의 광대함은 찾는 이의 혼을 빼놓을 정

하회마을을 거닐다 보면 마치 타임머신을 타고 역사 속으로 들어간 느낌이 든다.

도다. 삼신당 신목 돌담 너머는 양진당이다. 이 집은 풍산 류씨의 대종택이니 삼신당 신목과 더불어 마을의 중심이 되는 고택이다. 양진당은 두 위의 불천위를 모신 집으로 유명하다.

　하회마을에서 빼놓을 수 없는 집이 충효당. 임진왜란 때 영의정을 지내며 어려운 상황을 이겨내는 데 큰 공헌을 한 서애 류성룡 선생의 종택이다. 충효당은 서애 선생 가문이 단독으로 지은 것이 아니라, 평생 청백하게 지낸 선생을 기리기 위해 수많은 유림들의 도움을 받아 지어졌다는 점에서 더 의의가

평생 청백하게 지낸 서애 류성룡을 기리기 위해 전국의 유림들이 지은 충효당이나 풍산 류씨의 대종택 양진당 등은 조선시대의 살아있는 역사다.

있다. 이 집은 1999년 영국 여왕인 엘리자베스 2세가 방문한 곳이다. 입구엔 여왕이 심어놓은 기념식수가 보인다.

하회마을에서 가장 규모가 큰 저택은 북촌댁. 이른바 '고래등 같은 기와집'의 전형이다. 한때 안동은 물론 영남지역에서 내로라하는 부잣집으로서 옛 영화가 집안 곳곳에 묻어난다. 부자가 천국 가는 것은 낙타가 바늘귀로 들어가는 것보다 힘들다던데, 이 집은 부는 물론 명예까지 얻은 대단한 집안이다.

마을을 돌다 보니 어느 집 문 앞에 사람들이 웅성거린다. 담연재, 바로 한류스타 류시원의 집앞이다. 엘리자베스 여왕이 하회마을을 방문했을 때 생일상을 받은 곳으로도 유명하다. 예전 문패에는 그의 아버지 이름이 적혀 있었는데, 지금은 류시원이란 이름이 적혀 있고 굳게 문이 닫혀 있다. 담연재에 머무는 사람들의 사생활을 위해 문을 닫아놓았는지도 모르겠다. 사람들은 집 안을 조금이라도 엿보려고 문틈으로 고개를 들이민다.

하회마을은 자연마을이어서 길이 복잡하다. 골목 하나라도 놓치기 아쉬운 마을이므로 처음 방문하는 사람이라면 관광안내소에서 안내지도를 받아 표시된 루트를 따라 걸어보자.

사막 같은 백사장을 가로질러 나루터로 간다. 쇳덩이라고는 하나도 볼 수 없는 진짜 나룻배 하나가 사람들이 모이길 기다리고 있다. 시간이 정해진 것은 아니다. 얼추 사람이 모이면 그때가 출발시간이다. 모터가 아니라 진짜 노를 저어 낙동강을 가로지른다. 푸른 물과 제법 선선한 바람이 더위를 식혀준다. 그러나 바람이 거세지면 배를 운행하지 못하게 될지도 모른다.

부용대에 오르기 전 서애 류성룡 선생의 옥연정사에 들렀다. 옥연정사는 서애 선생이 임진왜란 후 낙향하여 《징비록》을 구상했던 곳으로도 유명하다. 옥연정사 아래는 화천서원. 안동을 정신문화의 수도라고도 하는데, 걸음마다 마주치는 서원만으로도 도학 깊은 안동의 면모가 여실히 드러난다. 화천서원의 지산루에 올라 망중한을 즐기다 태백산맥의 맨 끝인 부용대로 향한다. 마을 사람들은 부용대로 오르는 길을 '층길'이라 부른단다. 아닌 게 아니라 층층 올라가야만 하는 꽤 가파른 길이다.

부용대에 올라 바라보니 낙동강과 하회마을 전체가 내려다보인다. 하회마을이 물 위에 핀 연꽃이라더니, 그 이유를 충분히 알 수 있는 있었다. 선비의 마을답게 하회마을은 안과 밖이 똑같이 아름다웠다. 숲에서 나오면 숲이 보인다는 노래 가사처럼 마을을 거닐 땐 몰랐는데, 부용대에 올라와 바라보니 하회마을 백사장을 빙 둘러싼 만송정 숲이 두드러져 보인다. 서애 선생의 형인 겸암 류운룡이 부용대의 거친 기운을 완화하고 마을의 허한 기운을 메우기

하회마을과 낙동강을 한눈에 조망할 수 있는 부용대.

위하여 1만 그루의 소나무를 심었다 전해지는 소나무 숲이다. 병산서원의 만 대루와 같은 이치다. 하회마을은 그렇게 뭐 하나 흐트러짐 없이 완벽했다.

겸손함을 배우려면 겸암정사로 가라

옥연정사 못지않게 겸암정사(중요민속자료 제89호) 역시 강줄기와 자연, 건 물의 배치가 잘 어우러진 아름다운 정사다. 특히 건물과 어우러진 돌담의 어 울림은 시선을 뗄 수 없다. 이 집의 '겸암'이란 이름과 관련된 일화는 더욱 흥 미롭다. 겸암 선생은 성품이 지나칠 정도로 깨끗하여 좋고 싫음의 구분이 너 무 분명했다 한다. 그러나 퇴계 선생에게 겸암(謙菴)이란 이름을 받고 정자에 서 5년여 수행 끝에 모난 성격을 다스려 너그럽고 후덕한 인품을 이뤘다고 한 다. 그래서 후에 퇴계학파와 남명학파 모두에게 존중을 받았을 정도였다.

겸암정사에서 하회마을로 가려면 다시 부용대를 거쳐 옥연정사 쪽에서 나룻배를 타야 한다. 다시 층길을 걸어 부용대로 오르다 보니 문득 서애 선생 과 겸암 선생, 두 형제도 이렇게 길을 걸어 왕래했을 것이라는 생각이 떠올랐 다. 숨은 가빴지만 마음은 따스해졌다. 이길, 층길이 아니라 우애의 길, 혹은 철학자의 길이라 불러도 좋을 듯하다.

느림보 따라하기

부용대 가는 나룻배는 주말과 여름 성수기 때만 운행하므로 시간 안배를 잘해야 한 다. 나룻배가 운행을 하지 않는다면 택시를 이용하거나 좀 더 먼길을 빙 둘러 걸어가야만 한다.

안동 하회마을 도보여행을 위한 Tip

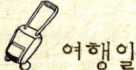 **여행일정**

도보여행 병산서원 ┅▸ 하회마을 ┅▸ 부용대(옥연정사,겸암정사) ┅▸ 하회탈박물관 ┅▸ 안동한지 전시관(풍산들) (총 19km)

1박2일 코스 도보여행 +

도산서원, 봉정사, 고운사, 오천군자마을, 안동댐 등 둘러볼 곳이 무궁무진하다. 단, 가장 유명한 도산서원, 봉정사 등은 극과 극의 거리에 떨어져 있어 두 곳 다 보려면 길 위에서 시간 낭비를 할 수 있다. 차라리 꼭 가고 싶은 곳을 택하여 그곳으로 가는 길의 명소들을 둘러보는 것이 현명하다.

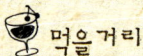 **먹을거리**

헛제사밥 유생들이 밤낮없이 공부하다 보면 밤참 생각이 나지 않을 수 없다 해서 있지도 않은 제사를 핑계로 즐겨 먹었다는 속설을 지닌 안동 향토음식이다. 시원한 쇠고기무국과 상어 적이 꼭 상에 오른다. 다른 지방과 달리 고추장 대신 간장으로 비벼 먹는 비빔밥이어서 자극적이지 않고 담백하며 깊은 맛이 있다. 안동댐 앞의 '까치구멍집'이 가장 유명하다. 하회마을 장터에서는 '터줏대감'이 소문난 집이다.

안동식혜 식혜지만 무와 고춧가루가 들어간 게 특징이다. 시원칼칼달콤하다. 독특하면서도 묘하게 자꾸만 끌린다. '까치구멍집' 안동식혜가 유명하다.

안동찜닭 달리 설명이 필요 없는 음식. 안동 재래시장 골목엔 소문처럼 찜닭집들이 밀집되어 있다. 어느 집이나 가격도 비슷하고 맛있다.

안동간고등어 고등어의 고소한 맛과 짭조름한 간은 환상의 조합이다. 대부분의 식당에서 맛볼 수 있고, 보통 헛제사밥을 주문하면 반찬으로 딸려 나오는 경우가 많다.

 **숙소**

유명한 관광지이지만 현대식 좋은 숙소는 드물다. 하회마을에서는 고택에서 민박을 권한다. 가격이 부담되긴 하지만 '북촌댁' 추천. 다음날 여행과 연계하기 위해서는 안동 시내에서의 숙박이 좋다. '안동파크모텔'이 그나마 깔끔한 편이며, 여러 여행정보를 얻을 수 있는 '행복한 게스트하우스'도 추천.

 **안동 찾아가는 길**

안동시내에서 하회마을 가기려면 안동시외버스터미널 건너편에서 46번 버스를 타면 된다.

구한말
추억의 거리를 걷다
인천

차이나타운거리

자유공원

청일조계지경계계단

신포시장

인천이라는 도시를 떠올리면 항상 '격변'이라는 단어가 떠오른다. 삼국시대 한강지역
을 차지하고자 하는 세 나라의 각축장이 된 이래로 인천은 항상 변화하는 역사의 중심
에 서 있었다. 구한말에도 마찬가지였다. 열강들의 강압에 의해 개항을 해야만 했던 제
물포(현재의 인천)는 그 격변의 역사 한복판에 서 있었으며 한양에 버금가는 정치·경
제·외교의 중심지였다. 변화는 아이러니하게도 추억을 남기기 마련. 지금도 인천의 거
리 이곳저곳엔 그 격변하던 근대 역사의 흔적들을 추억으로 고스란히 간직하고 있다.

차이나타운에 들어서면 가장 먼저 들어오는 것이 패루. 패루는 비슷한 업을 하는 사람들이 모여 살던 동네인 방(坊) 입구에 세웠던 대문의 이름으로 현재 인천 차이나타운에는 중국 웨이하이 시가 기증한 세 개의 패루가 세워져 있다. 다른 도시들에도 종종 차이나타운 거리가 형성되어 있긴 하지만, 인천 차이나타운은 그 규모부터 엄청나다. 중국인들이 좋아한다는 붉은 색으로 화려하게 치장된 간판과 홍등으로 치장된 중국식의 건축물, 중국 일색의 상품

복을 주고 악귀를 물리친다고 믿어 중국사람들은 붉은 색을 좋아한다.

들과 음식점 등은 물론이요 상점에서 들리는 억양 또렷한 중국말은 마치 중국거리에 와 있는 듯한 느낌을 준다.

추억의 거리 인천 차이나타운

　다른 나라에 형성된 차이나타운의 경우 보통 오랜 세월을 거치면서 노동자, 혹은 중국의 불안한 정국을 피해 이주한 중국인들에 의하여 형성되었다면, 인천 차이나타운의 경우는 그 형성과정이 특별하다. 1882년 임오군란 당시 청나라 군인과 함께 온 40여 명의 군역 상인들이 정착하면서 시작된 게 인천 차이나타운의 시작. 그 후 조계지가 세워지면서 1890년대에는 약 1천여

중국풍의 다양한 소품을 구경하는 재미가 있는 차이나타운.

한국에서는 유일한 중국 사당이자 절인 의선당. 우리나라보다 화려한 것이 특이하다.

명의 화교가 살게 될 정도로 금세 번창했다.

그러나 우월적 지위로 형성된 차이나타운이라 해서 우리의 비극적 역사를 비껴갈 순 없었다. 한국전쟁 인천 상륙작전 당시 가장 집중적인 포화를 맞았던 지역이 바로 이 차이나타운이었다. 한국 속의 작은 중국이라 불리는 이질적인 인천 차이나타운이지만, 이런저런 세월의 변화 속에 우리 역사의 한 부분으로 자리매김하고 있는 중이었다.

차이나타운은 수많은 영화와 드라마의 배경이 되기도 했다. 〈엽기적인 그녀〉〈고양이를 부탁해〉〈피아노〉〈파이란〉〈북경반점〉 등이 대표적인 예. 그래서일까. 이 이국적인 거리를 거니는 일은 불편하지 않고 친근하다. 거기에 중국 전통 만두 등 주변에서 흔히 접할 수 없는 먹을거리가 주는 즐거움은 각별하다. 차이나타운 하면 가장 대표적으로 떠오르는 것 중 하나가 자장면. 그러나 대표적인 중국음식으로 알고 있는 자장면을 중국에 가면 찾아볼 수 없다. 자장면의 탄생지는 바로 인천 차이나타운. 청국 조계지가 설립되면서 많은 중국 상인과 노동자가 많이 유입되었는데 이들을 위해 값싸고 간편한 음식으로 만들어진 것이 자장면이다. 본래 산둥지방의 토속면장에 고기를 볶아 팔기도 했으나 1950년대에 화교들이 캐러멜을 첨가한 한국식 춘장을 개발함으로써 오늘날의 자장면이 탄생하게 되었다.

'공화춘'은 개화기 청관에서 일하던 노동자들이 싼값에 배불리 먹을 수 있는 음식인 자장면을 만들어 판 곳으로, 현재 우리가 먹는 자장면의 산실이라 할 수 있는 곳 중의 하나. 최근엔 자장면 박물관으로의 변화를 꾀하고 있다.

인천화교 중학교 뒷담과 그 맞은편은 삼국지 벽화거리다. 길이만 해도 150m가 넘는다. 벽면엔 해설과 함께 총 160개의 삼국지 명장면이 그려져 있다. 시대를 초월한 명작 《삼국지》의 명장면들을 보면서 걷다 보면 엄청난 분

우리나라 근대 모습이 많이 남아 있는 이곳은 과거 일본 은행이었던 건물을 그대로 활용해 박물관으로 사용하고 있다.

량의 《삼국지》를 뚝딱 다 읽은 듯한 느낌이 든다. 그림도 재미있지만 《삼국지》를 읽어보지 않은 사람들이라도 종종 자신들이 아는 고사성어, 혹은 《삼국지》 이야기 한 토막을 발견하게 되면 반갑기 이를 데 없다.

골목을 돌다 만나는 의선당은 낯선 이국에서 생활하는 화교들의 정신적 구심점이 되어온 곳이다. 사후 안식을 기원하는 관음보살상을 중심으로 돈을 벌어준다는 관우상 등의 다섯 토상이 모셔져 있다. 19세기 말 창건한 것으로 추측되는 의선당은 한국에서는 유일한 중국 사당 겸 절집으로 이채롭고 소중한 문화적 가치를 지니고 있다.

마치 일본에 온 느낌을 주는 일본식 목조건물. 한옥은 아니지만 옛 모습 그대로 살아가는 모습이 정겹다.

느림보 따라하기

　한중문화관은 중국문화 체험의 메카라 할 수 있는 곳. 한중 문화교류의 장으로 다채로운 공연, 특별기획전 등을 통해 중국의 다채로운 문화를 체험할수 있다.

중구청 일대 근대 건축물 탐방 거리

　차이나타운을 비롯한 인천 중구청 일대는 근대 문화유적의 보고라 할 수 있다. 지금도 개항장이었던 제물포에 세워졌던 건물들이 그때 그 자리에서 지난 세월을 추억하고 있다. 시계 바늘을 100년 전으로 돌려놓은 듯한 골목

청일조계지경계계단을 사이에 두고 왼쪽은 중국식 탑. 오른쪽은 일본식 탑이 세워진 모습이 재미있다.

을 거닐다 보면 일제 강점기라는 우리 역사의 아픈 상처가 다시 돋아나 쓸쓸해지기도 한다. 그러나 중국식 건물과 일본식 건물의 묘한 대비 속에서 근대식 건물과 해방 이후 지어진 건물들이 뒤얽혀 있는 이 거리는 건축사 박물관이라 해도 과언이 아닐 정도로 흥미롭다.

가장 먼저 만난 것은 청일조계지경계계단. '조계'는 개항장에 외국인이 자유로이 통상 거주하며 치외법권을 누릴 수 있도록 설정한 구역이다. 개항 이후 제물포에는 청나라와 일본의 조계지가 각각 설정되었는데, 그 청나라와 일본의 조계지를 가르던 곳이 바로 청일조계지경계계단이다.

이 계단은 한번 보고 지나치기엔 아쉬울 정도로 여러 면에서 재미가 있다. 계단 앞에 섰을 때 누군가 '딱 침 튀기지 않을 만큼의 거리'라 했다. 아닌 게 아니라 계단의 넓이가 딱 그만큼의 넓이다. 조선 사람들의 입장에서는 되놈이나 왜놈 모두가 전염병을 옮기지 않을까 걱정스러운 존재였을 것이고, 청나라와 일본 사람들은 그들 나름대로 서로 철저한 경계의 대상이었을 것. 그래서 이 계단 앞에 서면 그때의 팽팽한 긴장감이 그대로 드러난다.

계단 양편에는 석등이 칸칸이 세워져 있는데, 왼쪽은 중국식 석등인 반면 오른편은 일본식이다. 뿐만 아니라 왼쪽은 모두 중국식 건축물이고, 오른쪽은 모두 일본식 건축물이다. 그런데 왼쪽의 청나라 조계지는 차이나타운으로 발전한 반면, 일본 조계지 건물은 예전 그대로 일본식이나 저팬타운으로 발전하지 못하고 대부분 중국식 물건을 취급하는 차이나타운으로 확장된 점이 이채롭다.

그 외 사실상 우리나라 우정업무의 효시로서 서양과 동양의 건축양식이 절묘하게 조화를 이루고 있는 구 인천우체국과, 중앙에 돔을 설치하고 석조 단층은 후기 르네상스 양식을 따르고 있는 구 인천 일본제일은행지점, 우리나라에 도입된 초창기 서양식 건축의 특징을 잘 드러내고 있으며 2층 발코니 양식이 아름다운 구 일본58은행 인천지점, 인천개항장 근대건축전시관으로 재탄생한 구 인천 일본18은행지점 등은 놓치기 아쉬운 근대건축문화재다.

가장 이목을 사로잡는 근대건축문화재는 답동성당. 1897년 건립된 답동성당은 우리나라에서 가장 오래된 서양식 근대건축물 중 하나로 벽돌조 로마네스크식 양식이 아름다운 곳이다. 그 외 구 제물포구락부, 대동교회 등은 빼놓을 수 없는 건물들이다.

그저 지나치지 말고 청일조계지경계계단을 올라보자. 숨이 가빠오면서 더불어 열강 (청나라와 일본)의 각축장이 된 구한말 팽팽한 긴장감이 시간을 뛰어넘어 그대로 전해진다.

구한말부터 현재까지의 역사를 압축한 인천 자유공원

인천 자유공원은 서울의 탑골공원(구 파고다공원, 1897)보다 몇 년 앞서 형성된 우리나라 최초의 근대식 공원이다. 이 공원 이름의 변천사는 구한말부터 현재의 우리 역사를 압축하고 있어 더욱 흥미롭다.

개항 이후 서구 열강들은 인천을 그들의 근거지로 삼아 임시로 살기 시작했다. 이 시기에 응봉산을 공원으로 만들어 처음에는 '각국공원'이라고 불렀다. 그러나 일제강점기 시절엔 신사를 세웠던 동공원과 구분하여 서공원으로 이름이 바뀌었고, 1957년 개천절에 인천상륙작전을 이끌었던 맥아더 장군의 동상을 세우면서 현재의 자유공원으로 이름이 바뀌었다. 자유공원 가장 높은 곳 중심에는 지금도 맥아더장군의 동상이 서 있고, 그 옆엔 한미수교 100주년 기념탑이 서 있다.

자유공원의 가장 큰 매력은 인천시가지와 서해안을 한눈에 바라볼 수 있는 조망. 또한 자유공원 곳곳에 자리잡은 오래된 건축물 또한 빼놓을 수 없는 명소들이다. 무지개처럼 생긴 홍예문은 인천시내 남북간 교통 불편을 해소한다는 명분으로 일본 공병대가 1908년 준공했다. 화강석과 벽돌을 혼용한 아치구조가 견고해 보이면서도 아름답다.

전국에서 가장 유명한
닭강정을 파는 인천 신포시장.
이곳은 닭강정 외에 만두도 유명하다.

닭강정으로 유명한 신포시장

신포시장이라는 이름은 몰라도 닭강정 하면 떠오르는 시장이 하나 있을
듯하다. 몇 시간 줄을 서서 기다려야만 맛볼 수 있다는 닭강정으로 유명한 시
장이 바로 신포재래시장. 시장에 들어서면 유명한 닭강정 집 앞엔 소문처럼
겹겹이 줄을 서 있다.

그러나 닭강정만으로 신포시장을 압축하기엔 너무 아쉽다. 우리나라 '최
초'라는 말이 너무 자주 등장하는 인천에 걸맞게 신포시장 역시 우리나라 '최

초'라는 타이틀을 가지고 있다. 이 시장은 19세기 말 서양식 고급채소(양파, 양배추, 당근, 토마토, 피망 등)를 파는 푸성귀전에서 시작되었다. 우리나라 최초로 서양식 고급채소를 취급한 장소였던 셈이다.

닭강정 외에도 신포시장은 먹을거리에 있어서는 타의 추종을 불허하는 시장이다. 차이나타운이 가까이 있어서인지 몰라도 만두가게들이 많이 밀집되어 있는데, 맛도 빛깔도 집집마다 달라 만두박물관이라 해도 과언이 아니다. '신포우리만두' 본점 역시 이 시장에서 시작되었다. TV에 자주 등장하는 신포순대의 순대국밥 또한 빼놓을 수 없는 명물이다.

느림보 따라하기

신포시장 닭강정은 1시간 이상 줄을 서서 기다려서 먹어야 더욱 제맛이다. 그러나 기다림이 불가한 사람이라면 먹고 싶은 집을 미리 알아두어 전화로 예약해두자. 기다리지 않고 바로 그 유명한 닭강정 맛을 볼 수 있다.

인천 도보여행을 위한 Tip

 **여행 코스**

도보여행 인천역 ···> 제1패루 ···> 의선당 ···> 제2패루 ···> 차이나타운거리 ···> 한중문화관 ···> 제3패루 ···> 구 제일은행 ···> 구 일본18은행 ···> 구 일본58은행 ···> 청일조계지경계계단 ···> 자유공원(제물포구락부) ···> 맥아더장군동상 ···> 홍예문 ···> 내동교회 ···> 답동성당 ···> 신포재래시장

약 5시간, 반나절이면 돌 수 있을 정도로 구간은 짧으나 명소들이 많으니 넉넉히 시간을 갖자. 차이나타운과 근대 건축물 탐방거리, 자유공원, 신포시장은 도심 속 길이라 복잡하여 사전에 꼼꼼한 루트를 정해놓고 걸어야 한다. 권장 코스대로 걸으면 대부분 명소들을 꼼꼼히 둘러볼 수 있다. 도보여행 후 시간이 남는다면 월미도, 혹은 송도신도시로의 나들이도 좋다.

1박2일 코스 도보여행 +

신도·시도·모도, 영종도, 덕적도, 장봉도, 실미도, 강화도 등 섬으로 떠나보자. 섬과 도시를 아우르는 특별한 여행을 즐길 수 있다.

 먹을거리

닭강정 달리 설명이 필요 없는 신포시장의 명물. 많은 닭강정집 중에 시장 입구의 '신포닭강정'이 가장 유명. 그러나 1시간 넘게 줄을 서야 하는 경우가 많다. 붐비지 않는 집에서도 비슷한 맛의 닭강정을 즐길 수 있다.

만두 차이나타운과 신포시장에 이름난 집들이 많다. 각각 개성 있고 맛이 좋지만 중국 전통 고기만두는 신포시장의 '산동만두', 현대적인 맛은 '맛샘분식' 추천.

자장면&짬뽕 차이나타운에는 소문난 자장면집들이 즐비하다. '공화춘', '대창반점', '자금성' 등이 유명.

체인음식점 '신포우리만두'와 '신포만두' 본점이 바로 신포시장에 있다.

활어회 월미도에 가면 저렴한 가격에 즉석에서 회를 떠먹을 수 있는 상점들이 많다.

인천 찾아가기

서울에서는 지하철을 이용, 전국 주요도시에서 인천을 오가는 고속버스가 수시로 운행한다.

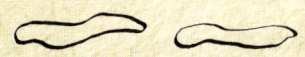

낡은 흑백사진 속
풍경을 걷다
청주

상당산성

청주국립박물관

드림랜드

수암골 벽화거리

명암유원지

청주 수암골, 그리고 상당산성은 오래 전 흑백사진처럼 낡은 풍경이다. 이젠 쉽사리 찾아볼 수 없는 달동네. 수암골은 어릴 적 살던 집 주변 골목 같다. 그 길을 따라 걷다 보면 놀이동산도 있고, 박물관도 있고, 동물원도 나온다. 종착지에는 오래된 성터가 하나있다. 생각을 거슬러 보면 우리가 어릴 적 소풍 가던 코스 그대로의 길이다. 그래서일까? 수암골에서 상당산성 가는 길은 낡은 서랍 속에 들어 있는 오래된 사진 같다.

수암골은 70년대 달동네 풍경으로 친근하고 따뜻한 곳이다.

　가로수 아래가 아니라 하늘 위에 걸린 표지판에 씌어 있는 이름, 수암골. 청주 우암산 자락에 자리잡은 이 마을은 하늘 아래 달동네다. 드라마 〈카인과 아벨〉〈제빵왕 김탁구〉의 촬영지로 전국적인 명성을 얻은 이곳은 마치 시간이 멈춰선 듯 40년 전의 풍경을 그대로 간직하고 있다. 광복과 한국전쟁을 거치며 청주에는 수많은 교포와 피난민들이 몰려들어 이곳 우암산 자락 곳곳에 터를 잡고 살게 되었다. 수암골은 그렇게 형성된 달동네 중 하나다. 도시가 점점 비대해지면서 대부분 달동네는 철거되거나 재개발되어 사라지고 현재는 60여 호 남짓한 집들만 옹기종기 남아서 그때 그 어려운 시절을 추억하고 있다.

달동네, 벽화마을 수암골 골목을 걷다

　지금이야 가정마다 화장실이 갖춰져 있지만 몇 해 전만 해도 이 마을 사람들은 공동화장실을 사용했다. 경사진 산비탈을 따라 지붕 낮은 집들이 다닥다닥 어깨를 부비고 서 있다. 리어카 한 대 겨우 지날까 말까 싶은 좁은 계단은 하늘까지 이어질 듯하다.

　작은 달동네라지만 수암골은 그 어느 동네보다 넓디넓다. 골목을 수놓은 벽화 때문. 이 벽화 덕분에 전국에서 가장 낙후된 마을 중 하나라는 수암골은

벽화뿐 아니라 바닥까지 골목골목, 구석구석 재미가 가득한 수암골.

전국에서 가장 유명한 동네가 되었다.

아이들의 밝은 꿈과 미소가 전봇대와 담벼락에서 묻어난다. 손바닥만한 마당은 화분 하나 놓기도 버겁지만, 담벼락에 그려진 파란 하늘과 감나무 한 그루는 경계를 허물고 공간을 무한정 확장한다. 피아노 건반 누르듯 계단을 총총 뛰어 마을 끝에 오르면 청주 시내가 한눈에 펼쳐지기도 한다. 수암골 그 좁디좁은 골목은 오히려 광장을 품고 있었다.

마을길을 거닐다 보면 오래된 풍경을 배경으로 벽화가 흐르고, 어릴 적

삼국시대 치열한 각축장이었
던 청주는 충북지역의 문화
유적을 한눈에 볼 수 있다.

상당산성을 오르는 길에 놓인 투박한 의자. 얼음과 함께 놓여 있어 고마움이 절로 인다.

추억과 전에 보았던 드라마 영상이 오버랩 된다. 드라마 〈카인과 아벨〉이 촬영된 집, 〈제빵왕 김탁구〉의 '팔봉빵집' 등은 뜻하지 않은 보너스처럼 반갑다.

태생부터 산비탈로 쫓겨 형성된 달동네들은 이제 개발에 쫓겨 사라져 간다. 그렇다고 산 아래 사는 나는 얼마나 행복한가? 수암골을 거닐다 보면 편리함과 풍요로움이 꼭 행복한 삶을 보장하는 것은 아님을 새삼 깨닫게 된다.

느림보 따라하기

수암골은 드라마세트장이 아니라 사람 사는 동네이다. 주민들은 다정다감하고 마을을 찾는 이들에게 친절하다. 최대한 주민들에게 예의를 갖추고 사생활을 침해하는 일이 없도록 주의하자.

수암골에서 상당산성으로 이어지는 소풍 가는 길

수암골에서 상당산성 가는 길은 번잡한 청주 시내와는 달리 한적하고 숲이 우거진 그린 로드. 큰 숨 한번 제대로 쉴 수 있는 그런 길이다. 그리 길지 않은 이 길에는 동물원도 있고 놀이동산도 있고 박물관도 있다. 어릴 적 소풍가던 코스 그대로 맑고 유쾌하고, 추억을 자극하는 나들이길이다.

명암유원지는 청주에서 가장 큰 저수지. 주변 경관이 뛰어나고 주위에 청주에 이름난 식당들도 많아 데이트 코스로 딱이다. 무엇보다도 주변의 울창한 산림과 어우러진 호수 풍경이 아름답다. 이곳에서는 보트놀이도 즐길 수 있다. 내륙도시 청주의 오아시스 같은 곳.

청주 옹기박물관은 규모는 작지만 조선시대부터 일제 강점기 시절까지 사용되었던 다양한 옹기들이 전시되어 옹기의 매력을 물씬 느낄 수 있다. 특히 생각지도 못한 생김새와 쓰임새를 가진 옹기들이 흥미로운데 적당히 따스하게 데워 사용하던 닭머리 모양의 약손, 병아리 물병, 논두렁에서 잡은 미꾸라지를 담아두던 어항 등은 이곳에서만 볼 수 있다.

청주국립박물관은 삼국시대 치열한 각축장이었던 충북지역의 문화유적을 한눈에 볼 수 있는 곳이다. 중원 지방의 불교문화, 특히 불상 관련 컬렉션이 인상적인데, 충남 연기군 비암사에서 발견된 불비상(계유명 아미타 불비상) 등은 조각솜씨가 매우 섬세하고 아름다워 시선을 모은다. 전체적으로 박물관 규모는 크지 않지만 깔끔한 건물 외관과 야외의 석조 유물과 어우러진 주변 풍경이 아름다워 잠시 쉬어가기에도 딱 좋은 장소다.

동물원을 지나면 높다란 명암파크관광호텔이 보이는데 호텔 주차장으로 들어서면 상당산으로 오르는 등산로가 보인다. 이 길을 따라 30여 분 오르면 전망이 탁 트인 상당산성에 오를 수 있다.

상당산성 오르는 길은 길진 않지만 꽤 가파르다. 숨이 턱까지 차오르고 이젠 좀 쉬어야겠다 싶은 순간, 땀을 닦을 수 있는 커다란 얼음이 나무탁자 위에 놓여 있다. 얼음에 수건을 잠시 놓았다 땀을 닦으니 그야말로 피서가 따로 없다! 투박한 나무 의자까지 있다. 대체 누가 얼음을 갖다 놓은 것일까.

마침 지나는 사람에게 물어보니, 상당산성 정상에서 아이스크림 장사를 하는 아저씨가 허가도 없이 아이스크림 장사를 하는 게 미안하여 시작한 일이라고 한다. 아저씨가 아이스크림을 파는 날은 토요일과 일요일뿐인데 영업을 하지 않는 평일에도 어김없이 커다란 얼음을 등져 가져다 놓으시고 패인 등산로도 정비하신단다. 미안함 때문이 아니라 사람 사랑하는 마음이 없다면 불가능한 일이다. 아저씨가 갖다 놓은 얼음 덕분에 이곳은 얼음골이라 불린다.

아름다운 전망과 자연의 어우러짐이 일품인 상당산성.

시원한 얼음으로 땀을 식힌 사람이라면 감사편지는 아니더라도 초콜릿 한 조각이라도 우체통에 넣어두고 오면 어떨까? 넣는 사람도, 받을 아저씨도 더욱 행복해지지 않을까?

얼음골을 지나 5분 정도 더 걸어 올라가면 상당산성이 나온다. 청주시 상당산의 8부 능선에 쌓아진 이 산성은 높이 4.7m, 둘레가 4,400m에 이르는 거대한 규모로 사적 제212호로 지정되어 있다. 최초 백제시대 토성으로 시작한 것으로 추정되며, 삼국시대로부터 고려시대를 지나 조선시대에 이르기까지 영호남과 서울로 가는 통로를 방어해온 교통과 군사적 요충지로서, 청주를 방어하던 역할을 했던 석성이다.

역사적인 중요성도 중요성이지만, 상당산성은 그 자체가 빼어나게 아름답다. 육중한 성벽은 산 8부 능선 산세를 따라 구불구불 유려하게 흐른다. 산성을 한 바퀴 도는 길은 꽤 길지만, 성의 남쪽과 동쪽과 서쪽에 자리한 문(공남문, 진동문, 미호문)이 그림처럼 솟아 있어 전혀 심심하지 않다. 게다가 산성 주변에 그리 높은 산이 없기에 청주 시내는 물론 진천까지 주변지역이 시원하게 전망된다. 전국 수많은 산성길 중에서 가장 아름답지 않을까 싶다. 상당히 큰 규모에 걸맞게 산성 내에는 저수지와 한옥마을도 있다. 이 산성마을은 상당히 맛있는 막걸리와 음식으로 청주사람들의 사랑을 받고 있다.

청주 도보여행을 위한 Tip

 여행일정

도보여행 수암골 ··· 명암유원지 ··· 옹기박물관 ··· 청주박물관 ··· 청주랜드 ··· 동물원 ··· 얼음골 ··· 상당산성 (총 15km)

수암골에서 명암유원지까지는 시내를 관통해서 5km 정도 걸어야 한다. 박물관에서 여유로운 시간을 즐기고 싶은 사람들은 버스나 택시로 이동하는 것도 좋은 방법. 얼음골 가는 등산로는 가파른 편인데, 산행에 자신 없는 사람들은 버스나 택시로 산성마을로 가도 좋다.

1박 2일 코스 청주는 여행지로 크게 이름난 곳은 없지만 꽤 가볼 만한 명소들이 많다. 청주 시내권의 고인쇄박물관, 세계문자의 거리, 백제유물전시관, 용두사지철당간을 거쳐 신정동고가, 전국에서 가장 아름답다는 가로수길까지 겸한다면 다채로운 1박2일 여행코스가 될 것이다.

 먹을거리

남주동해장국 청주를 대표하는 국밥이 아닐까 싶다. 부드러운 수육과 선지, 소내장 등이 들어간 종합 해장국이라 할 수 있다. 해장국집의 원조라 불리는 '남주동해장국집'이 유명.

산성마을 청국장 & 두부 상당산성 내에 위치한 산성마을엔 먹을거리가 많다. 특히 진한 청국장과 두부 등이 주 메뉴. 산성마을에서는 '상당집'이 유명.

그 외 올갱이국으로 유명한 '상주집', '경주버섯찌개', '삼미파전', '삼미족발', '서문해장국집' 등이 청주를 대표하는 맛집으로 유명하다.

 **숙소**

충북 도청소재지로 제법 큰 도시인 이곳은 숙소 잡기가 쉬운 편이다. 중저가 관광호텔로는 가경동의 '청주백제관광호텔', 상당산성 아래쪽의 '명암관광호텔', 봉명동의 '갤러리 관광호텔' 등을 추천.

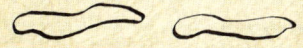

떠나고
또 다시
네 번째 느리게 걷기  떠나다

제주에 있어도
제주가 그리운 날에 떠나다
가파도

"제주가 그리워."
국적불명의 테마파크와 건축물들로 덕지덕지 화장을 한 제주의 해안가를 몇 년이나 돌고 돌다 지친 어느 날 지인에게 이렇게 말하자 그가 말했다.
"가파도에 가봐. 볼 것은 없어. 그래도 가파도에 가봐."
바람이 불어도 바람이 그리운 날, 파도가 일어도 파도가 그리운 날, 제주에 있어도 제주가 그리운 날, 훌쩍 떠나고 싶은 섬이 있다. 바로 가파도다.

바라보기만해도 여유로운 가파도 바다.

참 볼 것 없는 섬이다. 느릿느릿한 걸음으로도 두어 시간이면 넉넉히 섬한 바퀴를 돌 수 있는 작은 섬이다. 큰 나무 하나 없고 위압감 주는 바위절벽하나 없으며 산 비슷한 언덕조차 없다. 모슬포항에서 불과 20여 분만 배를 타면 갈 수 있건만, 파도 거센 날엔 아예 뱃길조차 끊겨 외로운 섬이다. 국토 최남단의 자리를 마라도에 내 줘 사람들에게 잊혀진 서럽기까지 한 섬이다. 그러나 그 덕에 제주가 국적불명의 유원지로 변해갈 때 제주의 모습 그대로를오롯이 간직할 수 있었다. 그렇게 가파도는 세상 때 한 점 묻지 않은 섬으로남았다.

검은 현무암으로 쌓아 올린 가파도의 제단과 바다의 안녕을 비는 할망당 등이 이채롭다.

돌담을 따라 걷다

가파도로 가기 위해서 가장 먼저 챙겨야 하는 것은 자동차 열쇠가 아니라 바다다. 모슬포 선착장에 전화를 해서 가파도 가는 배가 운행하는지를 확인해야만 한다. 바다가 허락해야만 그곳, 가파도에 갈 수 있기 때문이다.

모슬포항에서 20여분 배를 타면 도착하는 상동마을에서 가장 먼저 눈에 띄는 건 개경담이다. 돌담 많은 제주에는 돌담을 일컫는 이름도 많다. 제주를 돌다 보면 흔히 묘 주위에 네모나게 쌓은 돌담을 볼 수 있는데, 제주 사람들은 그것을 산담이라 한다. 올레라는 명칭도 돌담과 관련 있다. 제주는 바람이 세 집 앞에 대문 달기가 힘들었다. 그래서 마을 큰 길에서 집으로 들어가는 길에 돌담을 굽이굽이 쌓아 큰 길 지나가는 사람들의 시선을 은밀하게 피했다. 이 길이 바로 올레다.

개경담은 바람을 막기 위해 바닷가에 쌓은 담을 말한다. 그런데 돌이 특

가파도 주요 포구인 상동마을 포구(좌)와 바람을 막기 위해 해안선을 따라 담을 쌓은 개경담(우)

이하다. 제주에서 흔히 볼 수 있는 검은색 꺼끌꺼끌한 현무암이 아니라 색색이 미끌미끌 돌덩이로 쌓아져 있다. 미끈한 돌로 담 쌓는 일은 제주 본섬에서의 그것보다 훨씬 더 힘든 일이었을 게다. 바닷가를 빙 두른 개경담은 어쩐지 가파도 사람들의 힘든 삶을 대변하는 것 같아 더욱 가슴에 와 닿는다.

나무 한 그루 없는 섬에서 바람에 대처하기 위해 만든 돌담이 가파도 사람들의 실질적 삶의 방책이었다면, 할망당과 제단은 그들의 정신적 방책이었다. 가파도 전체 주민들은 지금도 1년에 한번 마을 제단에서 마을의 안녕과 풍어를 위해 제를 올린다. 할망당에서는 마을 아낙들이 간단히 제물을 준비하여 뭔가 가슴에 담은 소망 하나 얹고 기원하는 모습을 지금도 종종 볼 수 있다. 천생 바다를 등에 지고 살아야 하는 마을의 운명 때문일까? 이 풍경은 21세기인 지금도 어색하지 않다. 상동마을 할망당과 제단을 지나 계속 바닷가 길을 걸으면 하동마을이다.

투박한 벽화에 그리움을 담다

상동마을 어디에서도 내내 제주 본섬이 보이는 반면, 하동마을은 오로지 푸른 바다만 보인다. 멀리 마라도, 그 섬 하나가 보이지 않는다면 얼마나 막막할까. 그렇다고 횅해 보이는 것은 아니다. 고기 잡는 배들이 오가는 포구가 마을을 감싸고 있어 오히려 아늑한 느낌이 든다. 그리고 이 마을에는 벽화가 흐른다.

벽화, 참 투박하다. 그것을 그린 사람을 원망하고 싶을 정도다. 그런데 가파도 벽화는 묘하게 사람의 마음을 잡아끄는 매력이 있다. 나무 하나 없고,

216

척박한 가파도 환경을 간접적으로 표현하고 있는 가파도 벽화(위)와 그런 환경 속에서도 신기하게 마르지 않고 솟는 샘물 고망물.(아래)

봄에는 푸른 빛으로 가을에는 황금 빛으로 유혹하는 가파도 청보리밭은 사진 찍는 것을 좋아하는 사람들에게 특히 인기가 좋은 곳이다.

산 하나 없는 척박한 섬. 가파도 사람들에게 정작 필요한 것은 금은보화가 아니라 바람을 막아줄 산 하나, 그늘 하나 만들어줄 나무 한 그루였다. 그것들의 부재는 얼마나 사람들의 동경과 그리움을 낳았겠는가?

가파도 사람들은 그들이 가지지 못한 것을 담벼락에 그려 넣었다. 벽화엔 노송이 있고 산이 있다. 할망당에서 기도하고 바다에서 소라 잡는 그들의 삶과 종교도 그려 넣었다. 아름다움은 세련된 것에서만 비롯되는 것이 아니라 소박한 것에서도 비롯될 수 있음을 깨닫는 순간이다.

마을 포구 근처에는 마을 사람들이 까메기 동산이라 부르는 갯바위가 있다. 그 바위에 올라서면 큰 태풍이 몰아친다 하여 그 누구도 오래전부터 그 갯바위에는 오르지 않았다 한다. 사람들은 이 과학시대에도 그것을 굳게 믿어 까메기 동산에는 오르지 않는다. 가파도, 그곳은 여전히 전설이 살아 있는 섬이다.

'전국 유인도 중에서 가장 낮은 섬.' 가파도가 가지고 있는 타이틀이다. 가장 높은 곳이라 해야 20.5m가 고작이다. 산 하나 없고 변변한 큰 나무조차

올레길 따라 번호가 매겨져 있는 바위는 바로 고인돌. 가파도까지 고인돌이 있는 것을 보면 한반도의 오랜 역사를 느낄 수 있다.

없는 이 작은 섬에 사는 사람들은 도대체 어디서 물을 구할까? 하동마을 해변에는 끊임없이 샘물이 솟아나온다. 마을사람들은 이 샘물을 고망물이라 한다. 행여 짠 맛이 나지 않을까 손으로 찍어 맛을 봤다. 달디 달다. 수량 또한 놀라울 정도로 많다. 가파도의 지형을 생각할 때, 상식적으로 도무지 납득할 수 없는 샘물이다. 수도꼭지만 틀면 콸콸 쏟아지는 물이 흔한 세상이지만, 가파도의 고망물은 귀하고도 신비하게 여겨지는 물이다.

초봄에는 청보리밭, 늦봄에는 황금보리밭으로 출렁이는 섬

제주에서도 가장 제주다운 풍경만을 고집하는 제주올레가 10-1코스로 가파도를 선택한 것은 당연한 일이었다. 이처럼 오래전 제주의 모습을 그대로 간직하고 있는 곳이 또 있을까? 올레길 따라 걷는 가파도는 사월과 오월에 그 아름다움이 극에 달한다. 하늘도 파랗다. 바다도 파랗다. 그 사이 섬 하나

은초록으로 일렁인다.

봄이 되면 가파도는 온통 청보리 물결이다. 드넓은 청보리밭이 온통 집과 고인돌을 은빛 솜털로 감싸 안는다. 투박한 제주 돌담과 청보리밭은 절묘하게 어우러진다. 제주의 사진작가 김영갑의 사진에 등장하는 바람에 흔들리는 바로 그 풍경이다. 산들바람 한줄기 불어오면 찬란한 은빛이 눈을 간질이고, 풋내음은 온몸이 싱그러워진다. 그리고 바람에 영혼이 흔들릴 듯하다.

초봄의 가파도가 푸른 물결이라면 청보리가 익어가는 늦봄의 가파도는 온통 황금물결이다. 바람 따라 풍겨오는 마른 풀냄새를 맡아본 적 있는가? 절로 마음 따스해지는 그 향! 그 향으로 섬 전체는 구수해진다. 눈 들어 바라보면 황금보리 물결 위로 파란 바다, 그것이 출렁인다. 그 극명한 색의 대비는 쉽사리 잊히지 않는 기분 좋은 충격이다.

느림보 따라하기

해마다 4월 말~5월 초에 개최되는 청보리축제 때문에 가파도는 섬 전체가 떠들썩하다. 번잡함이 싫은 사람들이라면 청보리축제 전후를 택해서 간다면 훨씬 더 정적인 가파도를 만날 수 있다.

고인돌이 있는 풍경

가파도에 가면 놀랄 일이 많다. 올레 따라 마을 중앙에 서면 번호를 매긴 바윗덩어리들이 종종 눈에 띈다. 한데 그 바위들이 그저 바위가 아니라 고인돌이다. 두어 시간이면 섬 한 바퀴 돌 수 있는 이 작은 섬에 무려 135기의 고인돌이 밀집되어 있다. 기원전 1세기~기원후 2세기까지 조성된 것으로 추정되는 이 고인돌군은 우리나라에서 드물게 남방식 고인돌 문화의 전형을 간직하고 있다 한다. 신화의 섬이라 불러도 좋지 않겠는가? 가파도는 머물면 머물수록 수수께끼 같아지는 섬이다.

혹자는 애월에서 보는 한라산이 가장 아름답다 하고, 혹자는 서귀포에서 보는 한라산이 가장 아름답다 한다. 그러나 정작 한라산이 가장 아름다워 보이는 곳은 가파도다.

가파도 한복판에 서보자. 돌담길 굽이굽이 돌아가고 청보리 일렁이는 그 가운데 서면 길은 모두 한곳으로 집중된다. 한라산이다. 길 너머 바다가, 바다 너머 한라산이 있는 풍경은 극적이다. 가장 낮은 섬에서 가장 높은 산을 바라보는 것이다!

어쩌면 속도를 좋아하는 이들에게 가파도는 어울리지 않을 수도 있다. 가파도는 걷기 위해 가는 섬이 아니라 머물기 위한 섬이다. 한자리에 오래도록 서 있어야 아름다움이 보이는 섬, 결국엔 마음이 머무르는 그런 섬이다.

느림보 따라하기
가파도는 예전부터 강태공들의 천국이라 불릴 정도로 입질이 좋은 섬이다. 낚시에 취미가 있는 사람들이라면 그리움이 머무는 섬에서 여유로이 낚시대를 드리워도 좋을 일이다.

가파도 도보여행을 위한 Tip

여행일정

도보여행 가파도에는 제주올레 10-1코스가 나 있다. 그러나 그 길 그대로 따를 필요는 없다. 어디에서 시작해도 서너 시간이면 섬 전체를 두루두루 충분히 거닐 수 있다.

1박2일 코스 가파도는 1박2일 코스를 강력 추천한다. 배를 타고 들어갔다 나와야 하는 섬여행의 특성상 짧은 시간 가파도에 머물기 위해서는 하루 종일의 시간을 들여야 한다. 그렇잖아도 가볼 곳 많은 제주여행에서 참 고민되겠지만 제주여행을 즐기다 막배(4시)를 타고 들어가서 가파도에서 1박 후, 아침 첫 배(9시)에 나오면 된다. 섬에서의 1박 자체가 특별할 뿐만 아니라 가파도에서는 별이 정말 밝게 빛난다. 게다가 섬에서의 일몰과 일출을 볼 수 있어 여러 모로 금상첨화.

여행 중 먹을거리

한적한 섬이어서 특별히 내세울 만한 대표적인 음식은 없다. 그러나 바다에서 난 싱싱한 활어회와 섬 인심 푸짐한 밥상을 받아볼 수 있다. 특히 오래전부터 숙박과 식당을 겸하고 있는 하동마을 선착장 앞 '가파도바다별장'은 이미 입소문이 자자한 집이다. 가파도에는 양식장이 없다. 자연산 활어회를 즐길 수 있다는 점이 가장 큰 매력. 제주뿔소라, 홍해삼 등도 맛있다.

 숙소

민박집밖에 없다. '가파도바다별장'과 '가파도민박'이 섬에서 가장 깔끔하다 소문난 집이다.

가파도 찾아가는 길

배편 모슬포항 ┄▶ 가파도 하루 3회 운행 (9시, 2시, 4시) 소요시간 20분

- 20분이면 갈 수 있는 가까운 거리지만, 풍랑이 심하면 출항하지 않기 때문에 출발 당일 사전 전화문의는 필수. (☎064-794-3500)
- 여름철에는 마라도와 가파도를 동시에 왕복하는 배가 증편되기 때문에 마라도를 돌아본 후 가파도에서의 1박을 권한다.

섬 속의 섬
그리고 다시 섬으로 들어가다
신·시·모도

〈풀하우스〉세트장

모도

시도염전

시도

푸른벗마을

배미꾸리 조각공원

신도

신도선착장

신도, 시도, 모도. 모두 낯선 이름이다. 그러나 이름만 모를 뿐, 사실은 우리 모두 이미
이 섬을 알고 있을지도 모른다. TV 드라마 〈풀 하우스〉〈슬픈 연가〉〈연인〉 그리고 김기
덕 감독의 영화 〈시간〉의 배경이 되었던 곳이다. 이 세 섬을 합쳐 신시모도라고 부른다.
신시모도로 가기 위해서는 일단 영종도로 가서 다시 섬으로 들어가야 한다. 그 섬은 또
다시 다른 섬으로 연결된다. 끄집어내고 다시 끄집어내도 또다시 나오는 러시아 인형
마트로시카처럼 재미있는 길이다.

국제공항으로 개발되기 시작하면서부터 영종도에는 흙바람 잦아들 날 없었다. 하늘엔 새가 아니라 비행기들이 분주하게 오가고, 자고 나면 고층빌딩 하나 더 들어서는 초스피드 시대의 이정표 같은 곳. 영종도에 삼목선착장처럼 한산한 포구가 여전히 배를 띄우고 있다는 사실이 놀라울 따름이다. 그곳에서 10여 분 바닷길을 달리면 신도, 시도, 모도다. 신시모도는 변화의 물결에 휩쓸린 지척의 영종도와는 상반되게 비밀스럽게 보일 정도로 고요한 섬이다. 그러나 이 섬으로 가는 뱃길에서도 변화의 바람은 감지된다. 배에 탄 사람들 중에는 금발 머리의 서양인들도 간간이 눈에 띄고, 중국어와 일본어를 사용하는 사람들도 보인다. 이들은 한류스타 권상우, 비, 송혜교 등이 출연한 드라마 촬영지를 보기 위해 배를 탄 것이다.

전형적인 섬마을 풍경, 정겨운 신도

신도는 전형적인 섬마을이다. 섬에 도착하면 가장 먼저 시선을 사로잡는 건 갯벌. 잔돌 하나 없는 곱디고운 갯벌은 육감적으로 보일 정도로 넓고 풍성해서 내 바다도 아닌데 보는 것만으로도 부자가 된 듯하다. 갯벌 안으로는 옹기종기 파랑주황 지붕을 맞댄 집들과 포도밭이, 갯벌 너머로는 카키색 바다

조용하고 한적한 전형적인 섬마을을 느낄 수 있는 신도.

시도 염전은 경기도에서는 매우 드문 염전이어서 더욱 귀한 풍경이다.

가 하늘과의 경계를 허문다.

　푸른벗말이란 이름만큼이나 예쁘장한 마을엔 자그마한 호수가 있고, 요즘에는 쉽게 볼 수 없는 수생식물 마름이 자그마한 꽃들을 하얗게 피워낸다. 호수 위엔 운치 있는 정자도 하나 서 있어 그 안에 누우면 세상 부러울 게 없다. 내처 길을 나서면 이서진과 김정은이 주연했던 드라마 〈연인〉의 촬영지다. 투박한 섬 풍경과 잘 어우러진 세트장이라 어색하지 않다.

　섬, 외롭고 낯설어 보여야 마땅한 곳이건만 정겨운 풍경들이다. 오히려 낯설어 보이는 건 바다 건너 땅. 연기를 내뿜는 인천 공업단지와 송도 신도시의 고층빌딩들, 그리고 바다를 가로지르는 인천대교와 신공항고속도로. 방금 전까지 내가 속해 있었던 그 풍경들이 웬일인지 낯설어진다. 신도 섬돌이길을 걷노라면 그렇게 내가 속한 현실은 낯설어지고 점점 그 섬에 물들어가지 않을 수 없다.

느림보 따라하기

시간적 여유가 있는 사람이라면 신도 한가운데 솟은 구봉산에 올라보자. 깊은 숲을 따라 구봉정에 서면 인천과 서해, 강화도가 시원스레 펼쳐진다.

〈슬픈 연가〉〈풀 하우스〉 등 드라마 속 주인공이 되는 시도

신도에서 짧은 다리 하나 건너면 시도다. 빅히트 드라마 〈풀 하우스〉와 〈슬픈 연가〉가 이곳에서 촬영되었고, 세트장이 그대로 탐방객들에게 오픈되어 있다. TV에 나오지 않았다면 오히려 이상할 정도로 아름다운 곳. 이 섬을 걷노라면 말 그대로 영화 같은 풍경이 흐르고, 여행자는 그때 그 장면 속 주인공이 된 듯하다.

〈슬픈 연가〉 세트장은 세트장으로 지어져서 사는 사람의 편의는 전혀 고려되지 않고 설계된 듯하지만, 드라마를 본 적 없는 사람일지라도 구경삼아 둘러볼 만큼 예쁘다. 특히 그랜드피아노가 놓인 2층 하얀 방은 누구나 반할 만하다. 그러나 이 집에서 가장 마음에 드는 것은 바로 전망. 집 어디에 서 있어도 추상화처럼 물길이 파인 너른 갯벌, 서해, 그리고 바다 건너 강화도가 앞마당 수석처럼 자리잡고 있다.

〈슬픈 연가〉 세트장 입구 경사진 솔숲을 유심히 살펴보면 바다로 내려가는 오솔길이 보인다. 그 길로 내려가면 수기해변. 바닷가 잔돌들은 이미 걷기에 익숙해진 발임에도 거친 느낌이다. 그런데 바로 그것이 수기해변의 매력이다. 길에서 바라보는 바다와 직접 거니는 바다와의 그 확연한 차이.

한걸음 걸을 때마다 놀란 자그마한 게들은 그들의 눈을 감추는 속도로 몸을 숨긴다. 갯벌은 참으로 건강해서 자그마한 돌덩이에도 빈틈없이 다닥다닥 붙어 있는 석화가 안쓰러울 정도다. 예술가를 초빙해서 의도적으로 설치한 듯 갯바위들은 주변 풍경과 완벽하게 어우러진다. 게다가 바다 건너 서 있는 강화도는 한걸음만 내딛으면 성큼 다가설 수 있을 듯하다. 그런 해변을 따라 10여 분 걷다 보면 200m가 넘는 백사장이 환상처럼 펼쳐진다. 바로 〈풀 하우스〉 세트장 앞이다.

그러나 세트장 관리 상태는 그리 양호하지 못하고 입장료도 5천원이다. 바로 가까운 곳에 있는 〈슬픈 연가〉 세트장은 무료다. 입장료를 지불해야 하는 세트장과는 달리 수기해변은 무료다. 사실 〈풀 하우스〉가 아름다워 보이는 이유는 바로 이 수기해변 때문이다. 하얀 소파에 앉아 송혜교나 비가 앉았던 포즈로 사진 한 장 찍기 위해 거금 5천 원을 들일 필요가 있을까? 대가 없이 자연이 베푸는 아름다움이 펼쳐져 있는데 말이다.

느림보 따라하기

차를 가져왔더라도 바다까지 건너와서 똑같은 도로는 달리지 말자. 〈슬픈연가〉 세트장에서 〈풀 하우스〉 세트장까지는 도보로 왕복 30여 분이면 충분. 아름다운 수기해변을 놓치지 말자.

모도의 배미꾸미 해변. 배미꾸미는 그 모습이 '배 밑구녕 같다'하여 붙여진 이름이다.

비현실적인 공간 모도

배를 타지 않고도, 그리 많이 걷지 않아도 섬과 섬 사이를 넘나들 수 있는 재미는 신시모도 여행의 또 다른 즐거움이다. 게다가 이 세 섬의 개성 또한 제각각이라 다리 하나를 건널 때마다 마치 다른 세상으로 통하는 길을 건너는 듯하다.

시도와 모도를 연결하는 연도교는 밋밋하고 볼품없다. 그럼에도 묘하게 걸음을 멈추게 하는 매력이 있다. 모도에는 배미꾸미 조각공원이 있다. 하정우와 성현아가 주연했던 김기덕 감독의 영화 〈시간〉의 촬영지로 이미 널리 알려진 곳이다. 영화는 크게 흥행하진 못했지만, 영화 속에 등장했던 독특한 풍경만큼은 큰 화제가 되었던 바로 그곳이다. 배미꾸미 조각공원의 또 다른 이름은 모도와 이일호.

이곳에는 한국의 르네 마그리트라 불리는 조각가 이일호의 작품 100여 점이 전시되어 있다. 우리나라에서는 드물게 초현실주의 조각 작품을 선보여 온 그의 명성에 걸맞게 배미꾸미 해변에 전시된 그의 작품들은 마치 이 세상 몸짓이 아닌 듯하다. 낯선 공간, 낯선 몸짓. 그래서 이곳을 거닐다 보면 현실의 시간은 흐릿해지고 몽환 속을 헤매는 듯하다.

느림보 따라하기
영화 〈시간〉의 포스터에서 하정우와 성현아가 같이 앉았던 이일호의 작품 '천국의 계단'에 올라 사진을 찍어보자. 비현실적 공간에서의 추억으로 두고두고 추억에 남을 것이다.

신·시·모도 도보여행을 위한 Tip

 여행일정

도보여행

신도(영종도 삼목선착장에서 배로 10여 분) ⋯▸ 신도 선착장 ⋯▸ 푸른벗말마을- 연인세트장 ⋯▸ 신시도 연도교 (10.5km)

시도 ⋯▸ 시도염전 ⋯▸ 〈슬픈 연가〉 세트장 ⋯▸ 수기해변 ⋯▸ 〈풀 하우스〉 세트장 ⋯▸ 시모도 연도교(6km)

모도 ⋯▸ 배미꾸미조각공원 (1.5km)

상당히 장거리 도보여행길이다. 시간적 여유가 많지 않은 사람이라면 신도선착장의 자전거 대여소를 이용할 것. 자전거를 이용하면 하루 내에 세 섬 여행이 모두 가능하다. 마을버스 시간을 참조하여 긴 구간을 이동하는 것도 시간을 절약하는 방법.

1박 2일 코스 도보여행 + 영종도, 덕적도, 연평도, 무의도, 실미도, 자월도, 대이작도, 소이작도, 덕적도 등으로의 섬 여행. 모두 드라마나 영화의 촬영지가 되었던 주옥같이 아름다운 섬들이다. 배편도 좋은 편이어서 1박2일 아름다운 섬여행이 될 수 있다.

 **숙소**

신시모도에는 저렴하고 예쁜 펜션들이 많다. 특히 배미꾸미 조각공원과 아름다운 해변을 한눈에 감상할 수 있는 '배미꾸미펜션'을 추천.

먹을거리

바다로 둘러싸인 곳답게 싱싱한 활어회나 이를 이용한 식당들이 많다. 특히 신도선착장 근처 '진미식당'의 상합칼국수, '배미꾸미펜션'의 해초비빔밥은 흔히 만날 수 없는 맛이다.

신시모도 찾아가는 길

자가용 이용 시

서울 ⋯▸ 자유로 ⋯▸ 방화대교 ⋯▸ 신공항고속도로 ⋯▸ 영종대교 ⋯▸ 삼목선착장 ⋯▸ 신도-신시도 연해교 ⋯▸ 연육교(모도다리) ⋯▸ 배미꾸미 조각공원

대중교통 이용 시

공항철도 이용 김포공항〜운서역 ⋯▸ 롯데마트 정문에서 길 건너 KT빌딩 앞 710번 버스 ⋯▸ 삼목 선착장 하차 ⋯▸ 신도 행(배로 10분) ⋯▸ 마을버스로 15분

우리 땅을 걷다
독도와 울릉도

세상에 이런 아름다움이 있을까. 어디를 가도 비경이다. 어떤 미사여구를 사용해도 모자람이 있다. 집채만한 파도가 밀려오는 바다 앞에 선 느낌이랄까? 아름다움이라는 단어가 지닐 수 있는 모든 상상력을 뛰어넘어 어쩐지 원시적 두려움과 신비감마저 불러오는 마력을 지닌 곳. 그곳이 바로 울릉도다. 울릉도에 가서는 천천히 걸어보자. 울릉도는 왔던 길을 뒤돌아 봐도 또 다른 표정으로 여행자를 맞는다. 사시사철 번잡한 울릉도지만 고요히 사색하며 걸을 수 있는 고요한 숲길들이 꽤 많다.

서울에서 새벽버스를 타고 묵호항까지 가는 길은 마음이 설레다 못해 두 근두근 요동쳤다. 늦가을이었음에도 불구하고 새벽 찬 공기는 더없이 상쾌하고, 묵호항에서 맞은 아침은 더없이 청명했다. 묵호항의 유일한 식당은 독과점임에도 불구하고 동태찌개를 어찌나 맛있게 끓여내는지! 모든 것이 완벽했다. 드디어 배가 출발할 때는 환호성이 절로 나왔다. 울릉도로 간다는 실감이 그때서야 들었다. 점점 멀어지는 포구, 티끌 하나 없는 망망대해. 울릉도 가는 바닷길에서는 뭐 하나 예사롭게 보이질 않았다. 그러나 세 시간 가까이 달려야 하는 동해 험한 뱃길은 제법 뱃멀미에 강했던 나도 무너뜨렸다. 역시, 울릉도를 가려면 속이 울렁대지 않고는 갈 수 없었다.

도동항에 내리자마자 독도로 출발

울릉도의 관문, 도동항은 마치 오징어 나라에라도 온 듯 사람 아닌 오징어가 점령하고 있었다. 가을부터 겨울은 오징어의 계절. 마치 오징어 나라의 엘리스가 된 기분으로 오징어 밭을 거니는데, 사람들의 소곤거림이 들린다. 독도 가는 배가 뜬단다. 귀가 번쩍 뜨였다. 독도에 배를 맬 수 있는 날은 1년에 채 50일도 되지 않는다는데, 삼대가 덕을 쌓아야만 가능하다는 그 기회를

삼대가 덕을 쌓아야만 들어갈 수 있다는 독도는 그만큼 사람의 접근이 힘든 곳이다.

버릴 수는 없는 일이었다. 방금 전까지 뱃멀미로 고생했던 생각은 훌쩍 날아 가 버리고 곧 출발 예정인 독도 행 표를 구해 다시 배에 올랐다. 그때 갑자기 노래 가사가 떠올랐다. '울릉도 동남쪽 뱃길 따라 200리'. 200리면 족히 두 시 간은 달려야만 갈 수 있는 곳 아닌가! 다시 고생길의 시작이다. 그러나 멀리 독도가 보이기 시작했을 때 알 수 없는 뜨거운 기운이 목까지 울컥 치올랐다.

드디어 독도에 발을 내딛었다. 사람들도 나도 모두 독도에 녹아들고 있었 다. 바람, 독도의 바람이다. 갈매기, 독도의 갈매기다. 뭐 하나 소중하게 여겨 지지 않는 게 없다. 한때 미 공군 사격 훈련장으로도 쓰였던 이곳이 남아 있 는 것만으로도 감사한 일인데, 머릿속에 그렸던 모습 이상으로 아름답기까지 하다.

독도를 누구보다 사랑하는 귀여운 삽살개, 지킴이.

이곳저곳을 기웃거리다 삽살개 하나를 발견했을 때는 30년 만에 만난 친구처럼 반가웠다. 그 유명한 독도견, 지킴이였다. 녀석, 어찌나 의젓하던지! 이름처럼 독도를 이 녀석 혼자에게만 맡겨도 안심이겠다 싶을 정도다. 장병들에게 이곳에서의 생활이 힘들지 않냐 물으니, 지낼 만하다며 꾸밈없이 밝게 웃는 웃는다. 마음이 찡하다.

독도는 크게 동도와 서도로 나뉘지만, 주변에 해식절벽이 여럿 솟아 있어 단조롭지 않다. 바위섬엔 제각각 이름도 있다. 특히 촛대바위(장군바위)가 눈길을 사로잡는다. 이름과는 달리 아무리 보아도 내 눈에는 물개처럼 보였다.

독도는 일제 강점기 시절만 해도 물개들의 천국이었다. 그러나 일제 강점기 시절 일본의 수산업자 나카이라는 사람은 독도 물개의 포획권을 따내 6년 동안 무려 1만4천여 마리의 물개를 죽이고 그 가죽을 벗겨냈다. 그리고 그 벗겨낸 가죽으로 가방을 만들어 세계박람회에 출품, 은상을 수상했다. 대신 독도에서 물개는 영영 사라졌다.

일본은 독도에 대한 영유권을 주장할 권리가 없다. 역사적으로도 말할 것도 없고, 독도의 생명을 그렇게 무참하게 학살한 그들이 도대체 독도에 대해 무슨 자격이 있단 말인가! 독도에 허락된 시간은 딱 30분. 뱃고동이 울리기 시작했다. 사람들은 약속이나 한 듯 배에 오르기 전 대한민국 만세삼창을 했다. 그리고 배가 떠나자 지킴이도 독도를 지키는 대한의 건아들도 우리를 향해 손을 흔든다. 다시 목에서 울컥 뜨거운 기운이 치민다. 멀어지는 독도를 바라보며 언젠가 물개가 다시 찾을 것이라 생각한다. 그리고 혼잣말로 되뇌어본다. 독도는 우.리.땅!

행남 해안산책로의 절경

새벽 저동항으로 나간다. 도동항이 울릉도의 관문이라면 저동항은 어업 전진기지라 할 수 있다. 이곳은 오징어배가 들어오는 새벽부터 불야성을 이룬다. 포구 곳곳에 오징어가 산더미처럼 쌓이고, 오징어 손질이 한창이다. 울릉도에서만 볼 수 있는 장관이다. 그 신명난 손길을 한참 바라보다 해 뜰 시간이 되자 촛대바위로 향한다. 구름이 많은 날씨. 촛대바위에서의 일출은 심금을 울릴 정도로 아름답다 하는데 아쉽다. 대신 어둔 새벽바다를 불 밝히며 포구로 들어오는 오징어잡이 배들의 여운은 일출 못지않게 아름다웠으니 그것만으로도 족한 일이었다.

도동항의 새벽 풍경. 오징어를 다듬는 손길이 분주하다.

대부분의 섬마을은 밤이 되면 한적해지지만 울릉도 행남 해안산책로는 매혹적인 불빛으로 밤에도 산책하는 사람들이 많다.

느림보 따라하기

도동에서 숙박을 하고 새벽 저동항으로 가려면 도동포구 앞 버스정류장으로 가면 된다. 일출을 보기 위한 관광객들을 위하여 택시 몇 대가 늘 대기하고 있다.

저동항에서 도동항으로 바닷길 따라 산길 따라 이어지는 행남 해안산책로는 자연의 경이와 아름다움, 그리고 스릴을 동시에 안겨주는 길이다. 길이 날 수 없는 갯바위와 갯바위 사이엔 연이어 놓인 무지개교가 길을 내주고 수직절벽은 STS계단(소라모양의 원형 계단)이 길을 내준다. 이 독특한 계단은 스릴 만점이다. 마치 롤러코스트를 타는 기분이랄까. 계속해서 빙빙 돌며 절벽을

오징어철에는 울릉도의 관문 도동항이 마치 오징어 나라처럼 변한다.

계단을 오르다 보면, 발아래는 아득해지고 산들바람만 불어도 난간을 꽉 부여잡게 된다. 그러나 다 오르면 저동항과 북저바위, 죽도와 관음도가 한눈에 펼쳐진다. 무엇 하나 버릴 것 없는 풍경이다.

길은 바다로만 이어지는 것이 아니다. 도동으로 이어지는 중간 길은 산길이다. 따스한 남부지방에서만 자생한다는 털머위가 노랗게 꽃을 피워 향기로운 아침을 선사한다.

도동항으로 가까이 갈수록 풍경은 극적으로 변한다. 꽤 가파른 계단을 내려가면 다시 해안절벽 길이 시작된다. 흔히들 환상의 해안길이라 부르는 길이다. 갯바위 끝자리로만 빙빙 돌아가는 좁은 바윗길은 아슬아슬하기도 하거니와, 오랜 세월 파도와 비바람이 새긴 세월의 흔적을 고스란히 간직하고 아득하기만 하다. 끝도 보이지 않는 높다란 해안절벽을 한 굽이 지나면 길은 느닷없이 용궁으로 가는 길처럼 바위굴로 이어지고, 또다시 바위굴로 이어진다. 바다의 빛깔은 걸음걸음마다 달라져서 파란빛이 보여줄 수 있는 모든 변화를 아낌없이 선보인다. 한 순간도 지루할 틈이 없다.

느림보 따라하기

밤에 도동항 쪽에서 행남 해안산책로를 걸어보자. 혹자는 이 길을 울릉도의 압구정동이라 하기도 한다. 늦은 밤까지 조명이 환하게 켜 있고, 길 끝에는 분위기 좋은 음악이 흐르는 횟집도 있다.

가장 아름답고 비밀스런 내수전 숲길

가을이지만 울릉도에서 단풍은 기대하지 않았다. 육지의 단풍이 이미 다 진 후였기 때문이다. 그런데 비록 절정기는 지났지만 여전히 섬 전체가 활활 타오르는 듯 붉게 물들어 있었다. 설악이나 내장산에 비교해도 손색없는 단풍 절경. 특히 내수전 가는 길은 울릉도 단풍의 진수를 보여주고 있었다. 알고 보니 울릉도에는 섬 단풍나무가 유명하단다.

내수전전망대는 울릉도를 대표하는 전망1번지. 아침엔 동해의 일출을 맞는 곳으로, 밤엔 오징어잡이 배들의 어화를 볼 수 있는 곳으로 유명하다.

전망대에 오르면 우선 죽도가 한눈에 보인다. 노부부가 섬에 살며 지네를 먹여 키운 닭을 백숙으로 내놓아 유명해진 섬이었으나 이제 노부부는 없고

아들 혼자 섬을 지키고 있다 한다. 비록 일출이나 어화는 볼 수 없었지만, 그 풍경만으로도 족했다. 산자락을 바라보며 전망대에서 내려와 한켠으로 난 숲길로 들어선다.

이 좁은 섬에 모를 곳이 어디 있을까만 주민들에게 이 길을 물으니 고개를 갸우뚱했다. 지금이야 섬을 빙 도는 일주도로가 생겼지만, 옛날에는 마을과 마을로 연결된 길이 원활치 않아 뱃길로 다니던 시절이 있었다. 그러나 풍랑이 거센 날엔 배를 띄우지 못했으니, 석포와 선창 등에 살던 섬사람들은 저동까지 가서 생필품을 지게에 지고 산길을 넘어야 했다. 그때 걷던 길이 바로 내수전 숲길이다.

이미 울릉도 사람들마저 잊은 이 길은 최근 복원돼 길은 잘 나 있었으나 사람들의 발길이 뜸한 편이어서 원시림은 더욱 더 깊고 고요했다. 낙엽 밟는 소리, 그것도 아무도 밟지 않은 낙엽을 처음으로 밟는 소리. 이 길은 트레킹 코스로 대한민국 최고라 해도 과언이 아닐 만큼 멋지다.

한국의 마추피추, 석포전망대

잠시만 한눈을 팔아도 주옥 같은 풍경들이 그냥 지나간다. 울릉도 여행은 도무지 눈이 쉴 틈을 주지 않는다. 그 비경 중에서도 울릉도 최고의 비경을 볼 수 있는 곳은 석포전망대다.

석포전망대는 오래 전부터 전망대 역할을 해온 곳이다. 다만, 선경을 감상하기 위한 정자가 아니라 망루가 세워졌던 자리라는 게 이채롭다. 그것도 우리 군이 외적을 감시하기 위하여 세운 망루가 아니라, 일본군이 러시아 함대를 관측하기 위하여 세웠다는 점은 더욱 뜻밖이다. 전망대 오르는 길에는 지금도 일제가 사용했던 막사의 흔적이 상처처럼 남아 있다. 석포전망대에 다다르면 말로 형용할 수 없는 풍경에 생각마저 멈춰질 정도다. 송곳봉을 비롯한 울릉도 북면의 풍경과 해안선이 한눈에 들어오는 풍경은 이 세상의 것이 아닌 듯했다. 아름다움은 물론, 신기하고 묘한 느낌으로까지 다가온다. 진안의 마이산, 혹은 마추피추에서 느껴지는 그런 신비로움이다.

울릉도의 나리분지 숲길은 마치 원시림을 걷는 듯한 느낌을 준다.

느림보 따라하기

　길은 내수전전망대에서 시작해도 좋고, 석포전망대에서 시작해도 좋다. 그러나 교통편이 여의치 않다. 길을 나서기 전 콜택시 번호를 꼭 챙겨두자.

하늘동네 나리분지 숲길을 따라 걷다

　굽이굽이 돌고 돌아가는 길이 끝났다 싶으면 다시 굽이굽이 길이 이어진다. 끊임없이 돌기를 반복하다 보니 어느덧 땅보다는 하늘이 더 가까워 보인다. 나리분지 가는 길은 다른 세상으로 가는 통로처럼 느껴진다. 그 끝에는

나리분지 숲길에 있는 울릉도 전통 가옥인 투막집 1882년 울릉도 개척 당시의 모습 그대로 1940년대에 세워진 것이다.

하늘동네 하나가 세상과는 관련 없는 듯 서 있다. 나리분지다.

　나리분지는 별천지 같은 곳이다. 분지는 의외로 넓고, 토성처럼 분지를 둘러싼 산들 때문에 아늑한 느낌이 든다. 이 동네와 통할 듯한 공간은 하늘뿐이다. 이 마을처럼 하늘과 가까운 동네가 또 있을까? 그러니 하늘동네라 할 수밖에. 한때 버려진 이 땅에 사람이 다시 살기 시작한 것은 고종 시절. 처음

이곳에 온 사람들은 섬말나리 뿌리를 캐먹으며 연명했다 한다. 그래서 이곳 지명이 섬말나리에서 따온 나리분지다.

푸르름이 시든 지 오래된 나리분지는 이제 동면의 시간으로 접어들고 있었다. 이제 곧 겨울이 올 터였다. 울릉도, 눈이 많은 고장. 나리분지는 오는 길이 험해 지금도 겨울이면 외부와의 접촉이 끊긴다 한다. 그래서 만들어진 집이 투막집. 그러나 지금 대부분의 집은 현대화돼 있고, 마을 한가운데 문화재로 보호되고 있는 투막집이 한 채 있다. 지붕은 낮고 모양새는 투박하지만 울릉도의 긴 겨울을 나기에 이보다 좋은 집도 없을 듯하다.

길 끝에는 콸콸 쏟아지는 샘이 하나 있다. 연못 하나 변변히 갖춰지지 않은 분지마을에서는 분명 신성했을 물. 어쩌면 이곳 울릉도에서 마지막으로 마시는 물일지도 모른다 싶어 천천히 물을 마셨다. 울릉도 화산토와 암반이 걸러낸 물이어서 그런지 각별한 맛이 느껴진다.

돌아가는 길에서 다시 투박집 하나를 발견했다. 사방은 억새밭. 인적 하나 없는 평지에 달랑 집 한 채뿐이다. 그런데 이상하게도 쓸쓸해 보이지 않았다. 나리분지 안에서는 혼자 있는 것들도, 사라지는 것들마저도 편안해 보였다. 하늘마을 나리분지, 그곳이 울릉도와의 마지막 이별 장소가 된 게 다행한 일이었다.

울릉도 도보여행을 위한 Tip

 여행 일정

울릉도는 성인봉 등산을 즐길 수도 있고, 해안도로를 따라 차를 타고 섬 한 바퀴를 돌아볼 수도 있다. 그러나 체력이 약한 사람들에겐 쉽지 않은 성인봉 등산과 차가 다니는 길을 제외하고 호젓하게 도보로 즐길 수 있는 길만을 선별했다. 이 외 태하등대에서 대풍감에 이르는 길 또한 명소이다.

행남 해안산책로 (3.8km) / **울릉도 숲길** (4.4km) / **나리분지 숲길** (3.5km)

 먹을거리

오징어회, 방어회, 울릉도 뿔소라, 홍삼, 약소한우, 오삼불고기, 산채정식, 오징어내장탕, 홍합밥 등은 울릉도 어디에서나 맛볼 수 있다.

 **숙소**

숙소는 열악한 편이다. 기대하지 않는 편이 낫다. 혼자 여행한다면 울릉도에서 유일하다는 찜질방에서 숙박을 해결해도 좋겠다.

울릉도 가는 길

울릉도 여행안내 홈페이지 : http://www.ulleung.go.kr

지역별로 배가 출발하는 항구와 시간, 그리고 독도로 가는 배편 등 자세한 정보를 볼 수 있다. 그러나 교통정보 외 관광지 안내 콘텐츠는 부실한 편이므로 울릉도에 들어간 후에는 여행안내 책자를 꼼꼼히 보는 편이 낫다.

제주의 숨은 비경,
나만의 제주를 찾다
제주 구좌읍

행원리
월정리해수욕장
석다원
세화해수욕장
하도리
종달리 지미오름

아름다운 제주를 은밀하게 나 홀로 독점하고 싶은 사람이라면 단연 구좌읍으로 가라 권한다. 구좌읍 종달리 지미봉에서 월정리까지 이어지는 해안도로는 사람들의 발걸음에서 슬쩍 비켜 서 있어 때 묻지 않은 제주 풍경을 고스란히 간직하고 있다. 길에서 만나는 하도리와 행원리 마을은 농림수산식품부에서 매월 선정하는 이달의 아름다운 어촌에 선정되었을 정도로 마을과 바다가 아름답게 어우러진 곳들. 그러나 아직 소문나지 않아서 알 만한 사람들이나 물어물어 찾아가는 곳이다.

길은 종달리 지미오름에서 시작된다. 지미오름은 제주에서 가장 동쪽 끝에 위치한 기생화산이다. 제주올레 1코스는 지미오름 바로 옆 시흥리 말미오

고망난돌 쉼터는 종달리 해변 끝 바닷가 쉼터로 가장 제주다운 바다풍경을 간직한 곳이다.

름에서 시작되므로, 제주도를 한 바퀴 도는 올레길이 완성된다면 제주올레의 마지막 코스가 될 게 분명하다. 지미오름은 근처의 이미 유명한 용눈이오름, 다랑쉬오름 등과 비교해도 전혀 손색없을 정도로 아름다운 곳이다. 30여 분이면 정상에 오를 수 있는데, 특히 정상에서 바라보는 전망은 제주의 오름 중에서 가장 멋진 제주를 보여준다. 구불구불 돌담이 칸칸이 선을 그은 제주들판이 드넓게 펼쳐지고, 그 끝에 성산일출봉이 앉아 있다. 바다 건너는 우도, 시선을 돌리면 한라산이 구름 위로 우아한 모습을 드러내고 있다.

하도리 철새도래지는 제주 최대의 철새도래지로 겨울이면 천연기념물 노랑부리저어새 등을 비롯해 수많은 철새들이 찾아 온다.

수국꽃길을 따라 걷다, 종달리와 하도리

　지미봉에서 종달리 포구를 지나 바닷가를 거닐다 보면 바닷가 해안절벽에 구멍이 뻥 뚫린 것이 보인다. 고망난돌 쉼터의 시작이다. 이곳은 해안도로 바로 옆에 있지만, 도로에서는 절대로 볼 수 없다. 오로지 걷는 자에게만 허락된 땅이다. '쉼터'라는 표지석이 붙어 있긴 하지만 아무도 쉬어 가지 않는 쉼터다.

　날 것 그대로의 전형적인 제주바다. 검고 붉은 현무암 갯바위가 돌탑을 이루고, 사시사철 불어대는 바람에 익숙해진 나무들은 곧게 자라지 않고 바람결 모양으로 흘러 자란다. 6월 중순에서 7월 초순까지 쉼터를 지나는 해안도로에 알록달록 수국꽃이 만발한다. 전국에서 가장 긴 수국꽃길이다. 쉼터 밖이 심어 놓은 꽃밭이라면 쉼터 안은 사람들의 발길이 머물지 않은 덕분에 야생초 꽃밭을 이룬다. 특히 가을엔 해국과 갯쑥부쟁이가 노랗게 검은 갯바위를 물들인다.

　고망난돌 쉼터에서 바다가 훤히 보이는 시원한 길을 따라 내려오면 파란 바다와 어우러진 아치형의 그림 같은 백사장이 환상처럼 나타난다. 농림수산식품부에서 이달의 아름다운 어촌으로 선정했던 하도리의 시작이다. 하도리는 제주에서 해녀가 가장 많은 마을이다. 바다를 거닐면서 해녀들의 숨비소리를 듣는 일은 그리 어렵지 않다.

　하도리 해수욕장은 제주 토박이들이나 알음알음 찾는 고요한 해수욕장. 수심이 깊지 않아 가족들과 해수욕하기 안성맞춤인 이곳은 드넓은 백사장을 이곳저곳 파헤치면 조개가 무더기로 잡힌다. 주변에 오염원이 전혀 없어 물 또한 마음까지 비출 듯 맑디맑다.

하도리 해수욕장은 제주 토박이들이 비밀스럽게 찾는 고요하고 아름다운 해변이다.

해수욕장 건너편 하도리 철새도래지는 겨울에는 천연기념물 노랑머리저어새를 비롯하여 수많은 철새들이 날개를 쉬어가는 곳. 행여 바람 거센 겨울날이면 물 반 철새 반이라 할 정도로 수면 위를 철새들이 가득 채운다. 말미오름과 지미오름, 갈대밭이 어우러진 호수 위로 철새가 나는 풍경은 참으로 서정적이다. 종달리 지역에는 유독 용천수가 솟아나는 곳이 드물다. 한데 철새도래지에 위치한 창흥동 마을 깊숙한 곳엔 일부러 숨겨놓은 듯한 용천수가 신비스럽게 솟아나온다. 이 용천수는 〈천하무적야구단〉이란 TV프로에서 야간훈련 장소로 소개된 후 유명해졌으나, 많은 이들이 이 용천수를 찾아왔다가 결국 찾지 못하고 그냥 돌아갔을 정도로 은밀하다.

느림보 따라하기
하도철새도래지 용천수를 찾아보자. 용천수는 창흥동 마을 안쪽 끝 펜션 비슷한 3층 건물 바로 아래쪽 호숫가에 있다.

문주란꽃 피고 지는 토끼섬과 석다원을 지나다

하도리 철새도래지와 해수욕장을 지나면 길은 토끼섬으로 이어진다. 토끼섬은 천연기념물 제19호로 지정된 우리나라 유일의 문주란 자생지. 7월부터 순백의 문주란 꽃이 아찔한 향을 풍기며 꽃망울을 터뜨린다. 토끼섬과 제주 본섬 사이에는 갯담(바닷가에 돌담을 쌓아 밀물과 썰물 차이를 이용하여 고기를 잡는 원시적 돌그물)이 원형 그대로 남아 있어 자그마한 채집망만 있으면 멸치잡이 체험도 할 수 있다. 이곳에서의 일출이 아름답다는 사실은 제주 사람도 모르는 비밀이다. 바다를 붉게 물들이며 기하학적으로 선을 그린 돌살과 토끼섬 위로 떠오르는 일출은 '완벽'이란 단어를 절로 떠오르게 하는 풍경이다.

느림보 따라하기

문주란이 만발한 시기라면 토끼섬에 들어가 보자. 토끼섬 앞의 편의점에 부탁하면 섬으로 들어갈 배를 주선해준다. 물론 돈이 아깝지 않을 정도로 멋진 풍경을 볼 수 있다.

토끼섬에서 길은 석다원으로 이어진다. 석다원은 그 앞에서 휴게실을 운영하는 아저씨가 수년째 쌓고 있는 자그마한 돌탑 공원. 특별할 것 없는 이 공간은 그러나 에메랄드빛 제주바다와 투박한 돌탑들이 이루는 묘한 조화에 시선이 자꾸 간다.

휴게실에서 해녀 아주머니가 직접 끓여내는 푸짐한 해물칼국수는 시원한 국물 맛이 일품이다. 아저씨가 바닷가에서 직접 잡은 제주돌낙지는 육지의 뻘낙지와는 달리 질기지 않아 씹기 편하고 풍부한 바다향도 배어 있어 또 다른 낙지맛을 즐길 수 있다.

조선시대 왜군의 침입을 막기 위
해 쌓은 성 별방진.

석다원이 투박한 돌탑으로 눈길을 끈다면 석다원에서 멀지 않은 곳에는
육중한 성벽으로 눈길을 모으는 석성이 자리하고 있다. 별방진이다. 왜구의
침입이 잦았던 제주 동부바다를 방어하기 위해 조선시대에 설치한 이 진성은
화강암으로 쌓아진 육지의 석성과 달리 투박한 제주 현무암으로 쌓아져 독특

한 느낌을 자아낸다.

그리고 비밀 하나. 별방진을 아는 사람도 드물지만 별방진성 위에 오를 수 있다는 사실을 아는 사람은 더더욱 드물다. 성 안 마을로 들어가 보면 안쪽 성벽에 눈에 잘 띄지 않는 계단이 보인다. 그 계단을 통해 진성 위에 오를 수 있다. 같은 길이라도 성 아래에서 바라본 풍경과 성 위에서 바라본 풍경은 천양지차, 육중한 성벽이 빙 둘러싼 마을은 아늑하기만 하다.

매혹적인 물빛, 세화 해수욕장

하도리를 지나면 세화리. 두 갈래의 물줄기가 흘러 모래톱을 만들어내는 세화해변에서만큼은 걸음을 멈추지 않을 수 없다. 제주에서 가장 아름다운 물빛을 간직한 이곳은 하얀 백사장 위로 연초록, 진초록, 연파랑, 진파랑으로 바다가 보여줄 수 있는 최고의 마법을 부리고 있다.

세화해변 앞에는 해녀박물관이 자리잡고 있다. 건물 전체가 푸른빛 유리로 되어 있어 박물관에 들어서면 마치 푸른 바다 속을 유영하는 듯하다. 해녀의 역사와 해녀들의 삶이 고스란히 담겨 있는 이곳에서 가장 눈길을 끄는 것은 해녀의 작업도구도, 해녀들이 입던 옷도 아니다.

'여자로 나느니 쉐로 나주. (여자로 태어나느니 소로 태어나지)'

박물관 벽에 붙은 해녀들의 넋두리 한 줄은 제주 여자의 삶을 그대로 보여준다. 여행자에겐 그저 낭만바다 제주가 이곳 사람들에겐 치열하고 고달픈 삶의 현장인 것이다. 그리고 해녀박물관보다 더 생생한 삶의 현장이 세화해변 옆에서 벌어진다. 바로 세화오일장. 바닷가에서 열리는 세화오일장은 제

제주에서 가장 투명하고 아름다운 물빛으로 유명한 세화해변.

주 동부지역에서는 가장 규모가 큰 오일장이다. 사는 게 힘들다지만, 사람과 사람이 만나는 일이 가장 어렵다지만 결국 사람이다. 사람과 부대끼는 일처럼 즐거운 일이 또 있을까. 국밥집에 들어가 굵은 주름 가득한 할머니, 할아버지와 국밥 한 그릇 말아먹으면 삶이 새로워진다.

느림보 따라하기

세화 오일장은 0과 5로 끝나는 날짜에 열린다. 종달리에서 월정리 바다에 이르는 구간은 식사할 곳이 마땅치 않으니 이곳에서 식사도 하고 사람 사는 맛도 느껴 보자.

국내 최대의 풍차마을 행원리

세화리에서부터 보이기 시작한 풍차는 점점 가까워지고 있었다. 평대마을을 지나고 한동마을을 지나 풍차 바로 아래 서게 되면 농림수산식품부에서 2011년 2월의 아름다운 어촌으로 선정한 행원리의 시작이다.

행원리 바닷가에는 바다를 빙 두른 묵직한 돌담이 있다. 환해장성이다. 환해장성의 역사는 참 기구하다. 진도에서 삼별초군이 항쟁을 계속하고 있을 때, 여몽 연합군은 삼별초군이 제주에 들어올까 우려했다. 그러자 조정에서는 군사와 관리를 파견하여 돌성을 쌓기 시작했는데 그것이 바로 환해장성의 시작이다.

어쩌면 제주민에게 삼별초군은 메시아와 같은 존재였을지도 모른다. 그러나 제주에 들어온 삼별초군은 항파두리성을 쌓고 환해장성을 보강했다. 제주민의 피와 땀이 다시 들어가야 했다. 삼별초군이 어려운 상황에서도 제주 입도에 성공할 수 있었던 것도, 제주를 거점으로 기세등등하게 세력을 확장할 수 있었던 것도 모두 민심이었다. 그리고 삼별초군이 최후에 패하게 된 것도 민심에 의해서였다.

행원리는 수십 기의 풍차가 들어선 국내 최대의 풍차마을이다. 풍차가 생기기 전 행원리는 고요한 마을이었다. 그런데 어느 날 이 퇴락해가는 어촌 마을이 느닷없이 대한민국 신재생 에너지 산업의 메카가 되었다. 2층 양옥집 하나 찾기 힘든 이 마을에 에너지 관련 박물관이 하나도 아니고 둘이나 들어섰다. 신재생에너지 홍보관과 스마트그리드 홍보관이 그것이다.

그런데 빙빙 돌아가는 풍차 아래 서 보니 그 소음과 위압감이 장난 아니다. 잠시 스쳐가는 여행자에게는 낭만일지 몰라도 이 지역에서 사는 사람들에겐 한마디로 공해이고 위협이다. 사실 전력을 소비하는 주 소비자는 도시 사람들인데 왜 에너지 생산지는 모두 도시와 멀리 떨어진 곳에 위치해야만 하는 것일까? 청정에너지라는 그럴 듯한 단어에 숨겨진 비극이다.

행원리 바닷길을 거닐다 보면 유독 많은 갈매기떼들이 밀집한 하늘을 볼 수 있다. 갈매기가 노니는 하늘 아래에 소규모 수력발전소와 자그마한 공원 하나가 있다. 길에서 보기에도 아름다운 이곳은 안으로 들어가 보았을 때 더 뜻밖이다. 배를 타고 바다 한가운데로 나간 듯 바다 위로 치솟은 제주섬과 한라산이 동시에 바라보인다. 특히 저녁 무렵 바다와 낚시꾼들, 한라산과 풍차, 그리고 노을이 한 프레임에 담기는 풍경은 극적이기까지 하다.

한라산이 보이는 풍경을 따라 5분 정도 더 걸으면 마을사람들이 모살것이라 부르는 자그마한 백사장에 이른다. 그리고 해변 너머 다시 검은색현무암 갯바위를 건너면 몇 곱절 더 넓은 해변이 펼쳐진다. 속이 그대로 드러나 보이는 투명한 바다, 그곳에 햇살이라도 비치면 치렁치렁 구슬을 단 치맛단마냥 물결이 눈부시게 일렁이니 반하지 않을 사람이 없을 듯싶다.

월정리 해변, 그리고 아일랜드 조르바

행원리에서 바닷길을 딱 한고비 지나면 월정리. 행원리보다 더 소문나지 않은 마을이다. 한데 전혀 뜻하지 않은 장소에 신기루처럼 드넓은 해변 하나가 펼쳐져 있다.

지도에도, 네비게이션에도 등록되지 않은 해변이니 이름을 좇아 길 떠난 이들에게는 허락되지 않는 곳이다. 혹시 운이 좋아 네비게이션이 착각을 일으킨다면 이 바다에 올 수도 있겠다. 그렇다면 대단한 행운이다. 아무도 밟지 않은 백사장에 첫 발을 디딜 수도 있고, 바라볼수록 빠져들게 되는 옥빛 바다가 주는 환상에 흠뻑 젖어들 수도 있을 테니.

그 바다 앞에는 114로 전화해도 나오지 않는 카페 하나가 숨은 듯 수줍게 서 있다. '아일랜드 조르바', 그곳을 찾으려면 차라리 아무도 거닐지 않는 텅 빈 해변 앞 빈 의자 하나를 찾아보는 것이 더 쉬운 일이다. 그리고 딱 그 빈 의자 옆에 서서 마셔야만 제대로 맛을 느낄 수 있는 커피 한 잔! 그리고 문득 떠오른 음악 'Calling You'. 바로 영화 〈바그다드 카페〉의 주제가다.

라스베가스에서 누구도 갈 수 없는 곳으로 난 사막길
당신이 머물렀던 곳보다는 좋은 곳
손질이 좀 필요한 커피머신
굽이를 바로 돌면 있는 작은 카페에서
난 당신을 부르고 있어요
들리지 않나요
난 당신을 부르고 있어요

느림보 따라하기

만약에 당신이 이 책을 따라 이곳까지 왔다면, 그리고 운 좋게 느림보가 이곳에서 당신을 만날 수 있다면 느림보는 당신에게 기꺼이 머신에서 느리게 뽑은 커피 한 잔 대접해 드리지요. 느림보는 하루 한 잔, 이 카페에서 커피를 마십니다.

제주 구좌읍 도보여행을 위한 Tip

 여행일정

도보여행 종달리 지미오름 ⋯› 하도리 해수욕장 & 철새도래지 ⋯› 토끼섬 ⋯› 석다원 ⋯› 별방진 ⋯› 세화 해수욕장 ⋯› 신재생에너지홍보관 ⋯› 스마트그리드홍보관 ⋯› 월정리 해변 (20km)

1박2일 코스 도보여행 +

제주여행을 하면서 일정을 1박2일로 잡진 않을 듯하다. 도보여행지로는 대표적인 제주올레 코스 중 맘에 드는 코스를 걸어도 좋지만 한라산을 올라도 좋을 듯하다. 사려니 숲길도 고요 하고 아름다운 길이다

 먹을거리

아직 상업화가 덜 된 곳이라 도보여행길에선 식당 만나기가 쉽지 않다. 다만 석다원 해물칼 국수 '세화해변'(세화장터 앞) '은성식당 돼지국밥' 등은 제주에서도 유명한 집들이다. 그 외에 는 성산일출봉 쪽 식당들을 권한다. 전복죽은 '오조해녀의집', 흑돼지는 '해월향', 회는 '오대양 횟집' 추천.

 **숙소**

성산일출봉 쪽에 숙소들이 많다. 게스트하우스로는 도보여행 끝인 월정리 바다에 있는 소낭 게스트하우스, 요한게스트하우스, 성산일출봉 밑의 성산게스트하우스 추천.

구좌읍 찾아가는 길

제주시에서 성산 방향 버스를 타고 종달리 하차(1:20소요) ⋯› 마을 안으로 도보 이동 ⋯› 지미봉에서 시작하거나 혹은 월정리에서 하차하여 종달리 방향으로 걸어도 좋다.

내륙,
오래된 풍경을 걷다

다섯 번째 느리게 걷기

내륙 바다를 찾다
제천 청풍호

청풍랜드

청풍문화재단지

고인돌군

정방사

능강 솟대문화공간

'내륙의 바다'라 불리는 청풍호. 항상 따라다니는 별칭처럼 호수는 넓디넓어 우리나라에
서는 소양호 다음으로 담수량이 많은 곳이다. 청풍호반을 대표하는 산 이름은 금수산,
그리고 금수산에서 내려오는 계곡 이름은 능강이다. 얼마나 고우면 '비단 금'에 '비단 능'
자가 붙었을까. 산은 물을 돌고 물은 산을 돌고 도는데, 그 곱기가 끝없이 이어진 비단
결 같다. '삼천리 금수강산'이라는 말이 이곳에서 비롯되지 않았나 싶다.

　제천에서 탄 버스는 계속 돌고 있었다. 시내에서도 마을에서도 돌고 돌기를 반복했다. 드디어 버스가 청풍호반에 들어섰을 때는 곡예사가 마지막 절정의 묘기를 선보일 때 같았다. 그럼에도 고개를 자라목처럼 차창 밖으로 빼들지 않을 수 없었던 까닭은 아름다운 청풍호 때문이었다.

솟대와 관음이 있는 풍경

　기러기, 오리, 까마귀 등의 나무새를 긴 장대 위에 올려놓아 개인과 마을의 안녕을 기원하는 솟대는 고조선 이래로 하늘을 섬겨온 우리 고유의 문화다. 능강솟대문화공간에서는 전통적인 솟대를 현대적인 조형물로 재창조한 조각가 윤영호의 작품 1500여 점이 전시되어 있다.

　솟대는 하늘을 향한 인간의 희망이다. 반만년 동안 하늘을 섬겼던 이 나라 핏줄은 어쩔 수 없었던지, 하늘로 머리를 드리운 솟대들을 바라보면 경건해지지 않을 수 없다. 능강솟대문화공간이 위치한 곳은 청풍호와 하늘의 경계. 하늘과 호수 사이에 솟대가 서 있는 풍경은 사람을 접신이나 한 듯 무아지경에 이르게 한다.

　능강솟대문화공간에서 2km 정도 걸으면 정방사 오르는 길 입구다. 여기

서부터 다시 가파른 산길을 2km 정도 오르면 가도 가도 끝이 없을 듯한 깊은 숲길에서 갑자기 높다란 철계단이 나온다. 그 철계단을 오른 후, 산비탈을 돌아가면 지붕 하나가 보인다. 하늘 아래 절집 정방사는 그렇게 드라마틱하게 등장한다.

정방사는 의상대사가 도를 얻은 후 절집을 짓기 위하여 지팡이를 내던졌는데 그 지팡이가 내던져진 곳이 바로 정방사 뒤에 있는 바위, 의상대. 의상대는 금방이라도 무너질 듯 위압적인 바위절벽이다. 신기한 것은 바로 이 바위에서 끊임없이 물이 솟아나와 돌우물을 이룬다는 것. 유명한 정방사 샘물이다. 물빛은 더없이 투명하고, 달고 시원했다. 만일 이 물이 없으면 사람 또한 지낼 수 없이 이곳에 절이 생길 수 없었을 것이다.

전각은 금수산자락 급경사의 자투리땅에 지어져서 일자로 늘어서 있고 정원도 없이 아주 단촐하다. 그러나 꼭 전각이 많고 규모가 커야만 화려한 것은 아니다. 절집 뒤에 온화한 표정으로 사바세계를 내려다보고 있는 관세음보살상의 시선을 따라가면 청풍호가, 그 너머로는 월악산과 백두대간이 시원스럽게 펼쳐진다. 천하제일경을 품고 있으니 백 개의 전각이 부럽지 않아 보인다.

목조관음보살좌상이 좌정된 원통보전이 절집의 중심이다. 그러나 정작 시선을 모으는 곳은 근래에 지어진 지장전. 이 전각은 바위를 끌어안고 있다. 전각을 지을 때 아예 바위를 염두에 두었는지 바위 높이에 맞춰 지붕도 높낮이가 다른 이중지붕으로 올렸다. 당연히 지장전 안을 가득 차지한 건 바위. 바위에는 금칠로 지장보살이 그려져 있다. 바위에 어떤 사연이 있었기 때문인지, 아니면 전각 지을 땅이 없어서인지는 몰라도 자연을 품은 전각은 은연 중 감동적이다.

능강솟대박물관을 지나면 의상대사가 도를 깨닫고 지은 정방사가 나온다. 다양한 전설이 내려오는 정방사에서 꼭 가볼 곳은 화장실. 경치가 끝내준다.

정방사에 가면 볼 일 없더라도 화장실에 가서 볼 일을 억지로라도 보고 올 일이다. 재래식인지라 약간 불편하긴 하지만, 볼일을 보기 위해 턱하니 들어가 앉아 보면 뒷간 창문 밖으로 충주호와 백두대간이 시원하게 펼쳐진다. 30년 동안 변비로 고생을 했던 사람일지라도 뻥 뚫릴 정도로 시원하다.

옛 영화를 추억하다, 청풍문화재단지

정방사에서 내려와 청풍문화재단지로 가려면 청풍대교를 건너야 한다. 다리 모양새도 아름답지만 푸른 청풍 호반 위를 가로지르는 느낌은 마치 고속도로를 달리듯 시원하기 이를 데 없다. 그러나 발아래는 본래 물이 아니라 마을이 있던 자리였다.

청풍은 자연경관 수려하고 문물 또한 번성했던 곳으로, 남한강 따라 배가 오르내리던 조선시대만 해도 독립된 관아가 있어 떵떵거리던 고장이었다. 그러나 육로가 발달함에 따라 내륙수로의 기능이 축소되어 쇠락의 길을 걷다 1985년 충주댐 건설과 더불어 영영 물에 잠기고 말았다. 물에서 비롯된 영화가 물과 함께 영영 사라진 것이다.

이젠 지도에서 사라진 청풍을 추억하는 곳이 청풍문화재단지다. 이곳엔 청풍면 수몰지에 있었던 문화재가 원형 그대로 이전되어 있다. 청풍의 관문이었다는 팔영루를 지나면 학처럼 고고한 누정 금남루, 부사가 집무하던 곳이었음에도 관아 건물 중 유일하게 단청을 하지 않은 금병헌 등 아름다운 고건축들이 계속 이어진다. 그중에서도 가장 눈길을 사로잡는 건 한벽루. 이 아름다운 누각은 오른쪽으로 길게 뺀 익랑이 인상적이다. 사라진 청풍면의 영

투박하지만 단정한 두 기의 문인석 중 하나에는 극락
조, 또다른 하나에는 귀면(도깨비)이 새겨져 있다.

화를 보는 듯하여 애잔한 느낌이 드는 건물이다.

청풍 석조여래입상(보물제546호)은 투박하지만 어떤 소원이라도 들어줄 듯 후덕한 인상이다. 부처 아래엔 돌리며 소원을 빌면 이루어진다는 소망돌이 놓여 있는데 얼마나 많은 사람들이 돌렸는지 반질반질하다.

고인돌 옆 두기의 문인석도 상상력을 자극한다. 문인석 하나엔 극락조가 다른 하나엔 귀면(도깨비)이 새겨져 있다. 아마 새는 죽은 자의 영혼이 자유롭게 새처럼 날아 극락왕생하기를 바람이고, 귀면은 악귀를 쫓기 위함일 터였다.

청풍문화재단지 가장 높은 곳은 망월산성이다. 아주 예전부터 우리 선조들은 꽉 찬 달을 바라보며 소원을 비는 풍습이 있었는데 청풍 사람들은 이 산성에 올라 보름달을 바라보며 소원을 빌었을 것이다. 낮이어서 보름달은 볼 수 없었지만, 산성에 올라 보니 열두 폭 병풍처럼 청풍호가 펼쳐진다. 호수면 위로는 아름다웠던 청풍고을이 오버랩 된다. 너무 아름다워 가슴 시리고, 사라진 마을이 못내 그리워 가슴 아린 순간이다.

느림보 따라하기

별자리가 새겨진 고인돌 중 북두칠성을 찾아보자. 이미 오랜 시간이 흘러 대부분 별자리를 알아볼 수 없을 정도로 흐릿해졌지만, 아직도 북두칠성만은 뚜렷한 고인돌 한 기가 있다.

청풍랜드에서 번지점프를 하다

청풍문화재단지를 나와 다시 청풍대교를 건너면 청풍랜드다. 청풍랜드에 비치된 놀이기구는 달랑 셋. 이곳은 처음 만들 때부터 다채로움이 아니라 높이로 사람을 압도하려 계획한 듯하다.

입구에 있는 거대한 인공암벽장은 사업비만 10억 원을 넘게 들여 만들었다는데 놀랍게도 무료란다. 암벽등반을 해본 적은 없지만, 무료라는 말에 혹하여 시도해 보니 꽤 힘들다. 꼭대기는커녕 발이 어른 허리만큼쯤 올랐을 때 숨을 헉헉 몰아쉬며 아래로 곤두박질치듯 내려와야만 했다.

마음도 진정시킬 겸 청풍랜드 이곳저곳에 세워진 조각 작품을 감상하다 호반 앞에 서니, 엄청난 수량을 뿜어내며 분수가 솟구친다. 아마 우리나라에서 가장 높게 솟구치는 분수가 아닐까 싶다. 넋 놓고 수경분수를 바라보다 머리 위에서 "까악!" 하며 숨 넘어 가는 소리가 들렸다. 개미처럼 작아진 사람이

번지점프, 암벽등반 등의 익스트림 스포츠를 즐기기 좋은 청풍랜드는 젊은 사람들에게 인기가 좋다.

하늘 위를 "까악!" 하는 소리와 함께 올랐다 내렸다를 반복하고 있었다. 번지점프였다.

청풍랜드 안에는 번지점프 말고도 빅스윙과 이젝션시트 등 세 개의 놀이기구가 있다. 약간 망설여지긴 했지만 원조 놀이기구 마니아로서 마음이 동해 이 세 개를 모두 타 봤다. 아, 모든 고난을 극복한 대가는 대만족이었다. 그러나 마음과 달리 내 몸은 그렇지 못했나 보다. 풀장 위의 보트에서 번지점프 줄을 풀던 친절한 조교는 근심스러운 투로 내게 말했다.

"괜찮으세요? 너무 긴장하셨나 봐요. 아직도 막 떨고 계세요."

모든 것은 다 때가 있다는 생각이 들었다. 계절도 가을의 시작이었다.

제천 청풍호 도보여행을 위한 Tip

 여행일정

도보여행 능강솟대문화공간 ⋯▸ 정방사 ⋯▸ 청풍문화재단지 ⋯▸ 청풍랜드(16km)

1박2일 코스 도보여행 +

- **산을 좋아하면** 월악산, 금수산, 옥순봉 산행
- **물을 좋아하면** 충주호 유람선 여행

그 외 제천시 내 배론성지, 의림지, 송계구곡, 용하구곡 등을 돌아보아도 좋고, 가까운 충주와 단양, 영월 등으로의 연계 여행도 좋다.

 **숙소**

관광지가 많아 곳곳에 숙소가 많다. 중저가 숙소로는 제천시 명동의 '제천관광호텔'을 추천한다. 청풍호반에 위치한 펜션으로는 북진면의 '이른아침호숫가펜션'이 저렴한 편이다.

먹을거리

제천은 약초의 고장이다. 약초를 이용한 여러 종류의 약선요리들은 꼭 먹어볼 것. 황기로 양념한 돼지갈비를 내놓는 제천시 창전동 '현대갈비', 제천산 약초로 갈비를 매콤하게 양념해 내놓는 '원뜰', 약초순대와 약초순대국밥을 내놓는 남천동 '개미식당', 한정식집은 명지동 '광수네집', 신월동 '동궁', 약초순메밀막국수와 만두를 내놓는 '제천명가약초막국수' 등이 유명하다. 제천 재래시장 입구 포장마차에서 파는 빨간오뎅 또한 전국적으로 소문난 먹을거리.

제천 청풍호 찾아가는 길

제천에서 900번대 버스를 타면 청풍호 방면으로 향한다. 40분 소요. 자가용을 이용할 경우 남제천IC에서 청풍호 방면 597번 도로를 따라가면 청풍호에 이른다.

길끝에서
금강을 만나다
익산

길은 황토길, 화려하지 않고 투박하다. 논두렁 밭두렁 넘나들며 만나는 풍경은 딱 고향
길 같아 정겹다. 그렇다고 밋밋하지만은 않다. 뜻밖의 장소에서 오래전 친구를 만난 듯
이 길에선 제법 묵직한 풍경이 스타카토처럼 툭툭 튀어나온다. 조그마한 마을에서 만나
는 고래등 같은 기와집이 그렇고, 올라보아야 별 거 없을 것 같은 동네 뒷산에 오르면
세상에서 가장 너른 들판과 금강이 환상처럼 펼쳐진다.

차창 밖으로 수천 개의 논두렁 밭두렁이 지나고 있었다. 우리나라에도 이렇게 넓은 들이 있었나 의아스러울 정도였다. 그리고 이내 버스가 목적지인 함라 면소재지에 도착했을 땐 너무 고요해 놀라지 않을 수 없었다. 예전엔 꽤 번성했을 이 소읍의 침착함은 이제 농업 시대가 끝났다는 증언과 같았다.

농자천하지대본시대의 영화를 마지막으로 누렸던 삼부자집

일제 강점기 시절, 함라의 삼부자는 익산을 대표하는 만석꾼들이었다. 이 지역에서 한양에 가려면 삼부자집 땅을 밟지 않고서는 갈 수 없다는 말이 나올 정도였으니 그들의 재력을 짐작할 수 있을 듯하다. 이 세 부잣집들은 그들이 지닌 재력에 어울리는 집을 비슷한 시기에 짓기 시작한다. 지역에서 서로 비교되는 부자들이었고 집마저 가까웠으니 규모나 아름다움에 있어서 서로 경쟁하지 않을 수 없었다. 이렇게 탄생한 것이 1900년 초반 우리나라 상류 가옥의 변모해가는 형태를 고스란히 볼 수 있는 익산 삼부자집이다.

이들 부자들은 부의 축적에만 집착한 것은 아니었다. 재물 모으기에도 경쟁적이었지만 베풂에 있어서도 경쟁적이었던 것. 이들은 빈민구제나 사회봉사에 재물 쓰기를 아끼지 않았다 한다. '인심은 함라'라는 말도 이들의 베풂에

백제의 부흥을 위해 무왕이 천도를 계획한 곳이 바로 익산이다.

함라산 초입에는 삼부자 중 하나로 유명했던 조해영 가옥이 있다.

서 비롯된 말이라 하니 금전만능시대인 요즘에도 귀감이 될 만한 얘기다.

먼저 조해영 가옥에 들어가 본다. 촘촘한 문살로 치장된 벽면과 정교한 난간, 벽돌과 자연석으로 한껏 멋을 부린 담장 등이 인상적이다. 일제강점기 시절 지어진 가옥이어서 일본식 건축의 영향도 볼 수 있는데 인(人)자형 출입구가 그 예이다. 사방이 유리로 지어진 별채 또한 독특하다.

김안균 가옥은 전통적인 양반가옥이지만 서양식으로 거실과 침실을 구별해 놓은 양식이 독특하다. 사랑채와 안채 앞뒤로 복도를 두르고 유리문을 달아 채광을 조절했으며, 사랑채에는 세면대가 딸린 화장실을, 행랑채 끝에는 목욕탕을 배치한 것도 독특하다. 효자 가문으로 유명한 집안이기도 하다.

이배원 가옥은 삼부자집 중 가장 먼저 지어져 조해영 가옥과 김안균 가옥

동네 뒷산 크기만한 함라산에는 야생녹차 군락이 있다.

의 모델이 되었던 집이다. 집도 집이지만 명사들이 상당히 많이 배출된 집안이다. 이배원의 아들 이집천은 교육사업가이자 대서예가였으며 막내 동생 이집길은 1940~50년대 제작된 영화들의 대표적인 주연배우였다.

도란도란 걷기 좋은 함라산 둘레길

함라산은 딱 동네 뒷산만 하다. '함라산 둘레길'이란 이름으로 등산로도 잘 정비되어 있어 도란도란 이야기하며 산보하기에 좋은 곳이다. 삼부자집 붉은 돌담을 지나고, 정겨운 논두렁 밭두렁 지나 소나무 우거진 숲길로 들어선 후 딱 숨 가빠질 때면 어느새 산등성이다. 조금만 더 힘을 내 오르면 함라산 정상. 그곳에 서면 마치 고산준봉에 오른 듯 드넓은 풍경이 펼쳐진다. 황금빛으로 물든 익산평야. 백제를 중흥하고자 수도를 옮긴 천 년 전 백제 무왕의 꿈이 서린 바로 그 희망의 땅이다. 들판 이쪽 끝은 미륵사지석탑을 품은 미륵산이고, 들판 저쪽 끝은 보석의 도시 익산이다. 그리고 어디서부터 시작되었는지 짐작도 되지 않는 금강이 익산을 휘돌아 흘러간다.

느림보 따라하기

숭림사로 내려가는 길에 나무들을 잘 살펴보자. 혹시라도 녹차나무를 본다면 당신은 행운아다. 함라산에서는 최근에 자연적인 차나무 군락지가 발견되었다. 이곳은 우리나라 차나무 자생지의 최북단이다.

함라산을 내려오다 그만 다리를 삐긋하고 말았다. 접질린 다리가 불편해서 지나는 차들을 손짓해 보았다. 넓은 좌석을 가진 네다섯 대의 승용차가 잠시 속도를 줄이더니 이내 경계의 눈빛만을 잔뜩 던지고 그냥 스쳐 지나간다. 정작 멈춘 차는 짐도 많이 싣고 이미 조수석 자리까지 사람이 탄 트럭이었다. 이런저런 말끝에 두동교회에서 시간이 많이 걸리지 않으면 기다렸다 성당포구까지도 태워다 주시겠단다. 후한 인심 하나면 세상은 이처럼 훈훈해진다.

고려 충목왕 1년(1344)에 세워졌다는 이 절집은 위압적이지 않고 어쩐지 허전한 마음을 달래주는 듯한 함라산을 닮았다. 과하지 않은 아담한 전각과 정원이 어우러져 다소곳하고 포근하다. 전각 중에서는 특히 보광전이 주목할 만하다. 운룡과 극락조를 조각하여 늘어뜨린 팔각의 감입천정과 비천도, 나한도, 산수화, 매화 등이 그려진 벽화는 눈을 뗄 수 없을 정도다.

오른쪽엔 남자, 왼쪽엔 여자가 예배를 보며 서로 볼 수 없도록 'ㄱ자' 구조의 독특한 예배실을 갖고 있는 두동교회.

봄이면 숭림사 들어가는 길목의 벚나무가 흐드러지게 피고, 절집에는 목련과 진달래가 피고 꽃잔디가 피어나 그 아름다움이 극에 달한다 한다. 아름다운 보광전과 꽃 만발한 봄날 풍경이 어우러진 숭림사는 얼마나 아름다울 것인가.

남녀유별 ㄱ자형 예배당, 두동교회

익산은 종교 박물관 같은 도시다. 가장 오래된 사찰 중 하나인 미륵사지와 익산 도심 한가운데 자리한 원불교 총부, 그리고 우리나라에서 가장 오래된 성당 중 하나인 나바위 성당과 가장 오래된 교회 중 하나인 두동교회가 바로 익산에 있다.

두동교회는 김제 금산교회와 더불어 유일한 ㄱ자형 교회 건물로 널리 알

전통적인 조선시대의 한옥을 느낄 수 있는 선교장. 선조들의 빼어난 조형미를 느낄 수 있다.

려져 있다. ㄱ자가 만나는 중심에 강단을 설치하고 오른쪽엔 남자가, 왼쪽에
는 여자들이 앉아 예배를 보았다 한다. 물론 강단 중심에는 휘장도 설치했다.
남녀유별의 유교적 전통이 여전했던 당시 사회에서 남녀 모두에게 신앙을 전
파하려 한 노력이 엿보이는 건물배치다. 강당 밑은 비밀스러운 공간도 있는
데, 한국전쟁 당시 마을 청년들이 몸을 숨기기도 했단다. 안에는 오래된 풍
금이 그대로 놓여 있어 마음을 따뜻하게 한다. 교회 밖에는 교회를 세울 당시

심겨진 소나무와 나무로 높이 올린 종탑 등이 있다.

두동교회에서 금강을 향해 두어 시간 걸으면 성당포구 마을에 도착한다. 그런데 마을 이름에서 기대했던 포구는 어디에서도 찾을 수 없다. 포구가 있던 시절은 그 옛날이고 이젠 그저 벽화로 흔적만 남기고 있을 뿐이다. 그래도 아쉽지 않은 것은 예나 지금이나 그 자리 그대로 금강이 흐르고 있기 때문이다.

성당포구는 조선시대 금강변 평야의 세금양곡을 실어 나르던 조운선 수십 척이 가득했을 정도로 큰 항구도시로서, 한때 전국 9개 조창에 꼽힐 만큼 흥성했던 곳. 그러나 전국 대부분의 내륙항이 그렇듯 육로가 발달하면서 점차 쇠퇴하다 금강 하구둑이 조성되면서 항구로서의 기능을 상실하고 말았다. 지금은 포구 자리에 그려진 벽화와 금강변에 띄운 외로운 황포돛단배 하나가 그 옛날의 영화를 추억하고 있을 뿐이다.

그렇다고 너무 쓸쓸해하지는 말자. 마을 이장님의 할아버지, 다시 그 할아버지 적에도 그 모습 그대로였다는 마을 어귀의 수백 년 된 은행나무는 그 허전한 자리를 대신한다. 조선 현종 3년(1662)에 조운선의 무사항해와 마을의 안녕과 풍어를 기원하는 당산제를 행했다는 기록 속의 그 나무다. 은행나무와 더불어 나이를 가늠할 수 없는 오래된 느티나무들과 금강이 어우러진 마을 풍경은 시심이 절로 일 정도로 서정적이다.

느림보 따라하기

1박2일 여정이라면 수리부엉이 우는 이 마을에서 민박도 좋다. 예전 〈인간극장〉에 출연했던 '자수 놓는 농촌 총각, 그는 여전히 총각이었다'의 집에서도 민박이 가능하다. 마을회관엔 찜질방도 있어 도보여행의 피로를 풀 수도 있다.

흐르는 강 물결이 비단결같이 고와 금강(錦江)이라더니 금강은 이름 그대로 곱다. 호수처럼 넓어 호강(湖江)으로도 불렸다는데 정말 호수처럼 넓고 잔잔했다. 호남(湖南)지방이란 명칭도 호강 남쪽에 위치했다 하여 연유된 이름이다. 성당포구마을 금강변에는 넓디 넓은 고란초 군락이 펼쳐는데 부여 고란사보다 더 많은 고란초가 자생한다. 금강이 만들어낸 걸작품이었다. 하긴 금강이 만들고 키워낸 것이 이뿐일까. 수만 년을 흘러 부여의 낙화암을 만들었고, 호남평야의 젖줄이 되었고, 철새들의 보금자리를 만들어준 것이 바로 금강이다. 때마침 가을이어서 철새들이 하나 둘씩 날아들었다. 마을을 안내하던 어르신이 문득 말씀하셨다.

"하구둑 맹글기 전에는 옛날엔 갈대밭도 참 넓고 배도 띄웠시유. 지금보다 더 좋았지유. 그려도 여기는 땅이 참 좋아유. 다른 데 비료 세 부대 부어 쌀농사 짓는다면, 여기는 한 부대만 부어도 농사가 잘된당께요. 근디 나라서 사대강인가 뭔가 한다고 저기 강 가운데 땅은 이제 농사 못 짓게 허네유. 저기는 떨어진 볍쌀 먹을라고 철새도 참 많이 앉는 덴디."

강의 변화에 따라 이곳에 터를 잡은 이들의 생활은 참 많이도 변해왔다. 특히 금강에서의 해질녘과 아침놀은 붉은 비단결처럼 고왔다.

느림보 따라하기

마을에 손님이 많을 땐 배를 띄워 노을을 보러 가기도 한다. 마을에 도착하면 우선 배를 띄우는지, 띄운다면 시간이 언제인지를 체크해 두자.

익산 도보여행을 위한 Tip

 **여행코스**

도보여행 익산 함라면 삼부자집 ⋯➤ 함라산 둘레길 (삼부자집~숭림사 코스) ⋯➤ 숭림사 ⋯➤ 두동교회 ⋯➤ 성당포구마을 (총 15km)

삼부자집에서 함라산 둘레길로 접어들면 등산로는 잘 정비되어 있으나 갈레길이 종종 있어 복잡한 편이다. 등산코스 안내표지판을 숙지하고 산행할 것.

숭림사에서 두동교회 가는 길은 상당히 길다(약 9km). 장거리 도보여행이 익숙치 않은 이들은 콜택시나 지나는 버스, 혹은 지나는 차량을 이용하여 이동하는 것도 좋은 방법.

1박2일 코스 도보여행 + 미륵사지석탑 / 왕궁리 유적 / 가람 이병기 생가 / 익산 보석박물관 / 익산 원불교 총부 / 나바위성당 / 금강(웅포나루) 등 중에 선택한다.

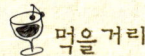 **먹을거리**

황등비빔밥 함라 가는 길에 위치한 황등 지역 특유의 육회 비빔밥. 육회와 나물이 풍성하다. 국물로 나오는 선짓국도 일품. 황등면에 있는 '시장비빔밥', '한일식당'이 유명.

생선내장탕 익산 지역은 생선내장탕이 유독 맛이 좋다. 익산 시내 북부시장에 위치한 '북부생선가', '남부생선가'가 유명.

늘푸른수목원 내 왕궁다원 전국 최대의 꽃잔디밭으로 유명한 늘푸른수목원 내에 있는 다원. 꽃잔디 피는 봄철에 특히 아름답고, 고택 또한 문화재급으로 손색없어 여행지로 선택해도 좋다. 차맛도 일품.

그 외 미륵사지석탑 근처의 순두부집들과 회정식(익산 마동의 '고꼬로 일식') 황태찜 (금마면 서고도리의 '만나먹거리촌'), 마를 이용한 퓨전한식(익산 신동의 '본향'), 홍탁(익산 송학동의 '송학홍탁') 등이 유명. 전통주로는 육당 최남선이 조선 3대 명주로 꼽았다는 '호산춘'이 유명하다.

 **함라 가는 가는 길**

익산역 건너편 버스정류장에서 함라 방면 버스 이용 (버스 수시 운행. 넉넉 잡아 1시간 소요)

한반도 중심을 걷다
충주

리쿼리움

탄금대

충주향교

충주호

충주의 옛 이름은 중원(中原)이다. 이름 그대로 국토의 정중앙이고, 육로와 수로의 중심
이었다. 삼국은 이 탐나는 고을을 차지하기 위해 치열한 전쟁을 벌였다. 고구려의 유적
인 중원고구려비와 신라의 유적인 중앙탑은 격전의 세월을 대변한다. 삼국시대가 끝난
후에도 충주는 여전히 중요한 땅이었다. 충청도란 이름을 정할 때 충주와 청주의 이름
을 따서 지은 것만 보아도 짐작할 수 있는 일이다. 영화로운 역사만큼 문화유적과 전해
오는 이야기도 많다. 자연 또한 중원에 걸맞는 편안함과 위풍당당함이 흐른다.

　충주역에 내릴 때만 해도 월악산행 계획은 유효했다. 그러나 해장국 한 그릇 먹기 위해 택시를 타고 옛 도심지를 지날 때 마음은 급변했다. 차창 밖으로 휙휙 보내기엔 아쉬운 풍경들이 스쳐가고 있었다. 해장국 한 그릇 시킨 후 급히 충주관광지도를 펼쳐놓고 루트를 체크하기 시작했다. 여행은 뜻하지 않게 월악산이 아닌 충주 호암지에서 시작됐다.

예전 호암지는 모시래들의 젖줄이었지만 지금은 가로수와 산책로가 잘 어우러져 걷기 좋은 길이 되었다.

2층 누각 형식에 웅장한 충청감영문 등이 있는 이곳은 과거 충주목 관아가 있던 곳을 공원으로 만들었다.

충주 옛 도심 거닐어보기

　호암지는 충주분지의 중심인 모시래들(달천평야)의 젓줄이었다지만, 지금
은 시민들의 휴식공간으로서 역할이 더 큰 듯했다. 제법 너른 호수 주변엔 아
기자기하게 생태공원도 조성되어 있고, 가로수와 산책로가 잘 어우러져 산책
하기에 제격이었다. 호암지 주변에는 웅장한 콘크리트 기와건물이 두 채 서
있는데, 택견 전수관과 우륵당이다. 택견과 가야금의 고장이란 명성에 걸맞
게 충주시에서 운영하고 있는 기관들이다.

　택견 전수관은 이름 그대로 태권도와 더불어 우리의 대표적 전통 무예인

철로 만든 불상이 두 개 있는 충주는 과거 우리나라 3대 철 생산지 중 하나였다.

택견을 전수하는 곳. 안으로 들어가 보니 일반 시민들도 프로그램에 참여해 택견에 열중하고 있다. 일반인에게는 아직 생소한 택견이지만 직접 보니 정적이면서도 활달하고 부드러운 곡선으로 이뤄지는 몸놀림이 신비롭다. 우륵당은 가야금을 만든 우륵을 기리기 위한 곳으로, 충주시립국악단이 정기공연을 하는 장소이기도 하다.

호암지에서 대원사까지는 멀지 않은 길이다. 이곳엔 충주철불좌상이 있다. 철불은 드문 편인데, 충주에는 이 철불 외에도 두 기의 철불이 더 있다고 한다. 충주가 우리나라 3대 철 생산지 중 한 곳이었다더니 그에 걸맞은 문화재임에 분명했다.

관아공원은 조선시대 충주목 관아가 있던 자리에 조성한 공원이다. 2층 누각 형식 웅장한 충청감영문을 지나면 동헌으로 쓰던 청녕헌과 내아로 쓰던 제금당, 솟을삼문 등 오래된 고건축 몇 채가 아름드리나무와 어울려 제법 고즈넉한 분위기를 자아낸다. 성 안팎을 여기저기를 기웃거리다 정문 축성사적비 옆에 모아둔 석재들 중 재미있는 문양을 발견했다. 바로 윷판이었다. 할 일 없는 병졸들이 망중한을 즐기기 위해, 혹은 관아 노비들이 고된 일 중 잠시 쉬는 동안 새겼을까. 이 권위적인 건물에 윷판이라니! 미소가 절로 번졌다.

충주향교 가는 길, 오래된 초등학교와 교회

충주향교 가는 길은 짧지만 참 재미있다. 관아 건물과 어우러진 이 옛 도심엔 아직도 재래시장 골목이 길게 이어져 있고, 몇십 년 동안 같은 해장국을 끓여 내고 있는 식당들도 만날 수 있다.

향교로 향하기 위해 건너야 하는 도심 개천 교현천에도 이야기가 있다. 교현천의 옛 이름은 염해천. 그 옛날 소금이 귀하던 시절, 한 부족국가가 다른 부족의 공격으로 떠나면서 알뜰살뜰 모아두었던 소금을 모두 연못에 버린 데서 유래된 이름이다. 개천에서 바라다 보이는 언덕은 이름이 만리산이다. 이 산을 밟으면 복이 내린다 해서 온 나라 사람들이 만 리를 멀다 하지 않고 한 번씩은 밟아보고 갔단다.

이런저런 이야기 따라 도착한 충주향교는 적당히 규모 있고 단정했다. 너무 단정해서 오히려 재미마저 단조로울 정도였다. 오히려 재미있던 곳은 향교 가는 길에 만난 두 개의 초등학교와 오래된 교회 하나였다. 첫 번째 만난 초등학교는 교현초등학교. 개교한 지 100년이 훌쩍 넘는 이 오래된 학교는 바로 반기문 UN사무총장이 다녔던 학교다. 또 한 곳은 청주 화교소학교. 규모로 보아 한때 상당히 많은 화교학생들이 다녔을 법한데, 이젠 학생이 몇 다니지 않는 모양인지 쓸쓸함이 감돈다.

교현초등학교 바로 옆에 있는 아주 오래된 교회 하나도 향교 가는 길에 만나는 빼놓을 수 없는 명소다. 이 성공회 충주교회는 1924년 설립된 충주지역 최초의 성공회 교회다. 이 교회의 모태가 된 옛날 본당 건물은 방앗간 같은 모양새다. 콘크리트와 목재를 같이 사용한 점이나, 한국식 건축과 서양식 건축방식을 혼용하여 지은 점 등이 성당이 지어지던 시대를 대변하는 듯하여 흥미롭다.

각 지역의 국립교육기관이었던 향교는 반듯하고 아담한 것이 특징이다. 사진은 충주향교.

관아공원 옆의 문예회관에 들러보자. 이 지역 문인과 화가들의 전시회가 종종 열린다. 여행길에서 만나는 문화의 향기는 또 다른 감흥으로 다가온다.

우륵이 가야금을 탔다는 탄금대에 오르다

가야금을 만든 우륵은 조국 가야를 버리고 진흥왕의 환대 속에 신라에 귀화해 충주에 정착했다. 그는 남한강이 보이는 강가에서 늘 가야금을 탔다. 대문산 자락이 탄금대로 불리게 된 사연이다. 그렇다고 이곳에 가야금 소리만 흘렀던 건 아니다.

임진왜란 때, 조선의 최고의 장군 신립은 천험의 요새인 조령을 버리고 이곳 탄금대에서 최후의 결전을 준비한다. 기병의 기동성을 이용하자는 판단이었지만, 결과는 참담해서 조선군은 왜군의 총알받이가 되었을 뿐이다. 끝까지 분투하던 신립 장군은 결국 탄금대에서 남한강에 몸을 던진다. 굳게 믿었던 신립 장군의 패배 소식을 듣고 선조는 한양을 버리고 의주로 굴욕적인 피난을 떠나게 된다.

탄금대란 명칭과 어울리지 않을 듯하지만 '배수진'이란 말처럼 이곳과 잘 어울리는 말이 또 있을까? 조국 가야가 더 이상 희망이 없다는 사실을 깨달은 우륵이 신라로 귀화한 것은 마지막 배수진이었다. 조선의 안위를 한몸에 졌던 신립 장군에게도 이곳은 배수진이었다. 결과는 극과 극이었다. 우륵은 한국의 3대 악성이라 불리게 되고, 신립은 북방에서 세운 큰 공로는 사라지고 조선 전투 사상 가장 졸전을 펼친 장수로 두고두고 회자된다.

가야금을 만든 우륵은 신라에 귀화에 이곳 탄금대에서 늘 가야금을 연주했다.

　이런저런 사연을 품은 탄금대는 의외로 한산했다. 산책로에는 조각공원도 있고, 신립 장군을 기리는 탄금대비, 신립장군순절비, 악성우륵선생추모비 등과 대흥사라는 사찰이 있긴 했지만 어쩐지 명성과는 달리 너무 평범해 보인다.

　그런데 우륵이 가야금을 탔다 전하는 탄금대에 세워진 정자 탄금정은 콘크리트 범벅이다. 그나마 깊은 소나무 숲이 없었다면 마음은 많이 횅했을 듯하다. 실망을 억누르고 탄금대에 오르자 남한강이 훤히 보였다.

　아래로 내려와 탄금호로 갔다. 탄금호는 본 댐인 충주호의 홍수와 수위조절을 위해 만든 댐으로, 2013년 충주 세계조정선수권대회가 열릴 곳이다. 댐 입구의 충주조정학교 앞에는 '조정무료체험'이라는 현수막이 걸려 있다. 그런데 조정체험은 사전 신청한 사람들에 한해서란다. 그러나 세상이 원칙으로만 이뤄지는 것은 아닌 법. 들어가 물어 보니 예약 인원 중 결원이 있단다.

　생각 외로 조정은 온몸을 사용해야 하는 운동이었고, 팀워크가 중요한 운

동서양 모든 술에 관한 전
시를 하고 있는 리쿼리움
술 박물관

동이었다. 처음에는 많이 힘들었지만 어느 정도 익숙해지자 드디어 배가 일
직선의 물줄기를 그리며 앞으로 나아갔다. 물 위를 나는 느낌이랄까? 여름 삼
복더위가 한꺼번에 사라지는 순간이었다.

느림보 따라하기

조정체험을 해보자. 의외로 안전해서 수영을 못하는 사람들도 자신 있게 도전 할 수 있
다. 사전에 예약을 하면 누구나 무료로 이 고급스러운 수상스포츠를 즐길 수 있다. 충주조정학교
http://cafe.daum.net/cjres

충주조정학교 바로 옆은 리쿼리움이다. 리쿼리움(LIQUORRIUM)은 술을
의미하는 리쿼(LIQUOR)와 전시관을 의미하는 리움(RIUM)의 합성으로, 이름
그대로 동서양 술의 종류와 역사를 아우르는 술 박물관이다. 요즘 전국에 크
고 작은 술 박물관들이 우후죽순처럼 생기고 있지만, 그중 단연 최고라 할 수

있는 곳이다. 남한강과 파란 하늘이 훤히 보이는 음주체험관에서는 직접 제조한 와인을 한 잔씩 무료로 체험할 수도 있다.

리쿼리움 바로 옆은 충주박물관이다. 몇몇 후불탱화와 가운데 돌을 돌리면 옆의 구멍으로 약즙이 흘러나오는 착즙기가 시선을 끌긴 했지만, 전체적으로 규모도 작고 평범한 전시물들로 채워져 있다. 정작 마음에 든 건 박물관 밖 중앙탑공원이었다. 간이분수와 아름다운 조각상이 남한강과 어우러져 한 편의 시처럼 아름다웠다.

중앙탑공원 한가운데는 국보 제6호로 지정된 중앙탑(중원탑평리7층석탑)이 우뚝 서 있다. 현존하는 신라의 탑 중 가장 높은 탑이다. 그 높이에서 오는 위압감에서 삼국을 통일한 신라의 위용이 그대로 전해진다.

중앙탑에서 3km를 더 가면 중원고구려비(국보 제205호)가 서 있다. 결국 신라가 삼국을 통일했기 때문일까? 중앙탑과 비교해 볼 때, 중원고구려비는 초라한 느낌이 들지만 그 앞에서의 감동은 수십 배다. 고구려 세력이 중원까지 미쳤음을 증명하는 이 비의 발견으로 삼국의 역사는 새로 써지게 된다. 특히 비에 새겨진 글씨체는 지금껏 어디에서도 보지 못한 것으로, 고구려인의 솔직담백함과 호방한 기풍이 그대로 느껴지는 듯했다.

느림보 따라하기

도보여행을 마친 후에는 수안보 온천으로 가자. 예로부터 유명한 이곳에서의 온천욕은 온몸의 피로를 말끔히 씻어주고 새로운 에너지를 보충해준다.

294

충주 도보여행을 위한 Tip

 여행 일정

도보여행 호암지 ⋯› 충주철불좌상(대원사) ⋯› 관아공원 ⋯› 성공회 충주교회(교현초등학교) ⋯› 충주향교 ⋯› 탄금대 ⋯› 탄금호(조정경기장) ⋯› 중앙탑평리7층석탑 ⋯› 중원고구려비 (16km)

시간적 여유가 없는 사람은 [충주향교 ⋯› 탄금대], [탄금대 ⋯› 조정지댐] 구간을 버스, 혹은 택시로 이용해도 좋다.

1박2일 코스 도보여행 +

- **산을 좋아하면** 월악산 산행
- **물을 좋아하면** 유명한 충주호 유람선 또는 충주호반 드라이브

 먹을거리

오리백숙 불포화지방산이 풍부하고 콜레스테롤이 적으며 부드럽고 담백한 맛이 일품. 탄금호 입구의 '중앙탑오리집', 양성면 돈산리의 '나의살던고향' 등이 유명.

붕어찜 & 민물고기요리 남한강과 달천강이 휘감는 지역이어서 예로부터 민물고기 요리가 발달했다. 특히 동량면 쪽에 유명한 집들이 많다. 찜요리는 동량면 조동리의 '거궁회관', 회는 동량면 조동리의 '남한강횟집', 시내에서는 올뱅이해장국이 맛있는 문화동 '운정식당' 등이 유명.

사과요리 사과의 고장답게 사과를 이용한 요리가 발달했다. 용두동의 '충주사과백화점'에 가면 사과를 이용한 각종 먹을거리를 살 수도 있고, 사과삼겹살, 사과국수 등을 즐길 수도 있다.

 **숙소**

도보여행의 피로도 풀 겸 수안보쪽으로 숙소를 정하는 것이 좋다. 수안보쪽에는 좋은 온천장들이 많다. 중저가 호텔들로는 '충주후렌드리호텔', '수안보조선관광호텔', '수안보상록호텔', '수안보로얄호텔' 등을 추천한다.

산천어따라
산소길을 걷다
화천

산천어축제

화천 오일장

붕어섬

명품 산소길

파로호

하늘빛호수마을

마을 이름보다 산천어가 먼저 떠오르는 곳 화천. 산천어가 화천의 상징이 된 건 당연한 일이다. 바다로 나가 살다가 산란기에만 돌아오는 송어가 강에서만 생활하는 습성이 굳어져 탄생한 이 게으른 물고기는 수온이 20℃를 넘지 않고 용존 산소량이 9ppm을 넘는 맑은 물이 아니면 살지 않는다. 하루 종일 돌아다녀도 공장굴뚝 하나 없고 오로지 푸른 산과 맑은 물만 보이는 화천과 더없이 잘 어울리는 물고기가 아닌가! 일본어로 산천어는 '야마메'로 불리는데, 산의 여인이란 의미. 산소길이라 이름 붙인 화천의 길들을 걷노라면 여행자는 산의 연인, 그리고 물의 연인이 되지 않을 수 없다.

굽이굽이 골짜기를 돌고 또 돌아가야 하는 축제의 도시 화천은 의외로 투박하다. 골목이며 건물이며 뭐 하나 특별할 게 없다. 그러나 답답한 버스에서 내려 큰 숨 한 번 들이마시면 세상이 달라 보인다. 청정함, 그것만으로도 먼 길 달려온 보람이 느껴지는 곳이 화천이다.

아시아 대표 겨울축제 화천 산천어축제

산천어축제는 이제 100만 명이 넘게 찾는 아시아의 대표축제가 되었다. 평소 화천은 한적한 시골이지만, 세상이 온통 은빛으로 반짝이는 겨울이면 이야기는 달라진다. 화천의 터줏대감이 된 소설가 이외수 씨가 대중의 환호성을 이끌어내는 연설을 끝내면 거리는 온통 오색으로 반짝이는 산천어로 넘쳐난다. 심지어는 산천어 떼가 은하수처럼 밤하늘을 유영한다.

산천어축제가 열리는 겨울철이 아니어도 화천은 1년 사시사철 즐거운 동네다. 화천 재래시장만 해도 그렇다. 평범한 시골 시장처럼 보이지만 충분히 매력적이다. 시장 골목의 올챙이국수와 메밀전병, 산에서 갓 따온 다래, 갓 캐온 봉삼 등을 화천이 아니라면 그 어디에서 만날 수 있겠는가? 게다가 골목 가득 넘쳐나는 화천사람들의 사투리도 들을수록 재미나다. 서울말과 비슷하

이제는 국제축제가 된 산천어축제가 열리는 화천 거리에는 산천어와 관련된 재미있는 벽화가 많다.

지만, 반 음 정도 높아 노랫가락처럼 느껴지는 억양은 전염성이 있어 나도 모르게 장터 나온 할머니 할아버지의 말투를 따라하게 된다. 발걸음이 리드미컬해지지 않을 수 없다.

느림보 따라하기

화천 오일장은 화천재래시장 주변에서 3과 8로 끝나는 날짜에 열린다. 여행날짜가 맞아 떨어진다면, 화천장에 가서 올챙이국수도 먹어보고 메밀전병도 먹어보자. 진짜 강원도 맛을 즐길 수 있다.

화천장에서 화천강 지류로 가는 길은 평이한 소읍 골목. 그런데 이 퇴락해가는 골목에서는 누추함보다 따스함이 흐른다. 벽화 때문이다. 산천어가 벽을 따라 유영하고, 누런 들판에 농부들이 낟가리를 쌓고 있다. 얼음개천에서 아이들은 눈썰매를 탄다.

그 풍경에 빠져들다 보면 어느새 화천강 지류. 산천어축제가 열리는 겨울이면 강 맨 위는 썰매광장, 중간은 얼음광장, 맨 아래는 산천어 루어낚시를 할 수 있는 낚시광장으로 변신한다. 겨울이 아니어도 맑은 물 졸졸 흐르는 소리가 귀를 씻어주고 햇빛이 반짝이는 투명한 물빛은 눈을 씻어준다.

느림보 따라하기

산천어축제 기간이라면 루어낚시를 즐겨보자. 영화 〈흐르는 강물처럼〉에서 브래드 피트처럼 멋지게 낚시대를 던지면 종종 굵직한 산천어가 펄떡이며 올라온다.

화천강 지류 끝에서 엄청난 수량을 뿜어내는 인공폭포를 지나면 미륵바

여느 시골과 다름없는 화천에서는 아직도 오일장이 열린다. 이곳 최고의 별미는 올챙이 국수.

위를 만날 수 있다. 미륵바위라 해서 우람한 바위절벽에 새겨진 미륵을 예상
했건만, 바위의 모습은 의외로 소박해서 사람 키만한 돌미륵 한 기와 그보다
작은 미륵 넷이 다소곳하게 앉아 있다. 생각해 보니 화려한 모습으로 치장된
미륵은 드물었다. 그저 그 안에 담긴 간절한 염원이 구구절절했을 뿐. 미륵바
위, 이곳에서 주위를 둘러보면 사방이 물빛이다. 본격적인 북한강 길의 시작
이다.

북한강을 거닐다

시선이 닿는 저 끝부터 맞은편 끝까지 솟은 것은 산이요 흐르는 것은 물
이다. 자연에도 급을 논한다면 화천의 자연은 가히 명품이라 이를 만하다. 화
천군은 이 산 따라 물 따라 가는 길에 '명품 산소길'이란 이름을 붙였다. 다소

산천어축제에는 참가비를 내면 맨손으로 산천어잡기와 루어낚시에 참여할 수 있다. 잡은 물고기는 현장에서 구워먹을 수도 있다.

거만하고 억지스러워 보이는 이 이름이 전혀 어색하지 않게 느껴지지 않는 건 그 길이 그만큼 아름답기 때문이다.

북한강 이쪽저쪽을 연결하는 다리 서넛을 지나면, 전국에서 가장 특이하다하다고 할 만한 다리 하나를 만나게 된다. 이름도 독특한 꺼먹다리다.

세월이 많이 지나 조금 남루해 보이긴 하지만, 이래 뵈도 이 다리는 삼국합작으로 건설된 다리란다. 화천댐이 준공되면서 1945년 일제가 이 교량의 기초를 닦은 후 소련군(북한측)이 들어와 교각을 놓았고, 휴전 후 남측에서 상판을 놓은 것. 따라서 일제강점기 시절부터 해방과 한국전쟁의 아픔을 고스란히 간직한 사연 많은 다리다. 사연만큼이나 생김새도 흥미롭다. 상판이 콘크리트가 아니라 덧대놓은 나무판재로 이루어져 있다. 꺼먹다리란 이름도 나무가 썩지 않도록 상판에 검은색 타르를 칠해서 붙여진 이름이라 한다.

투벅투벅 꺼먹다리를 걷는다. 걸을 때마다 미세하게 나무향이 묻어난다. 그런데 어쩐지 슬픈 향이다. 다리, 서로 닿을 수 없는 곳을 연결하는 구조물

'명품 산소길'이라는 다소 억지스러운 이름이 붙은 북한강 일대의 길은 막상 걸어보면 그 이름에 절로 고개를 끄덕일 만큼 명품길이다.

이 아니던가? 그러나 꺼먹다리는 유감스럽게도 다리로서의 기능보다는 한 치 앞도 더 나아가지 못하고 있는 우리 분단 현실을 대표하고 있는 듯했다. 그리고 다리 밑으로는 남북을 거침없이 가로지르는 북한강이 오늘도 유유히 흘러가고 있었다.

그 묘한 대비 사이에 서서 아침 햇살이 가시지 않은 터라 물안개 피어오르는 북한강을 바라보니 정태춘의 '북한강에서'란 노래가 떠올랐다. 꺼먹다리에서처럼 이 노래가 잘 어울리는 장소가 또 있을까? 다리 아래로 흐르는 북한 강을 바라보며 그 노래 뒷부분을 몇 번이나 읊조렸다.

'아주 우울한 나날들이 우리 곁에 오래 머물 때 / 우리 이젠 새벽 강을 보러 떠나요 / 과거로 되돌아가듯 거슬러 올라가면 / 거기 처음처럼 신선한 새벽이 있소 / 흘러가도 또 오는 시간과 / 언제나 새로운 그 강물에 발을 담그면 / 강가에는 안개가, 안개가 천천히 걷힐 거요.'

딴 데서 온 딴산, 불편해도 유쾌한 숲으로다리

본래 울산에 있던 바위가 금강산 일만 이천 봉 중 한 자리를 차지하기 위해 길을 나섰는데, 금강산을 코앞에 둔 화천까지 와서 청천벽력 같은 소식을 들었다. '금강산 일만 이천 봉, 다 채워지다!' 그 소식을 들은 바위는 그만 그 자리에 털썩 주저앉고 말았다.

화천9경 중 제2경에 속하는 딴산에 전해오는 전설이다. 딴산과 직접 마주치면 피식 웃지 않을 수 없다. 우선 '산'이라는 명칭에 걸맞지 않게 규모가 작고, 주변 푸르른 산세와 확연히 구분되는 바위절벽이어서 과연 딴산은 딴산이구나 싶기 때문이다.

딴산 아래로는 북한강이 넓지만 얕게 흘러 물놀이를 즐기기에 딱이다. 그래서 여름이면 수많은 사람들이 산그늘에서 뜨거운 태양빛을 피하고, 냇물에서 멱 감으며 더운 열기를 씻어낸다. 물이 어찌나 맑은지 바닥이 훤히 보인다.

딴산은 오토캠핑 마니아들의 숨겨진 명소로 통한다. 꼭 캠핑족이 아니어도 야영을 좋아하는 도보여행족이라면 이곳에서 하룻밤 묵어도 좋을 일이다. 수도시설과 화장실이 완벽하게 갖춰져 야영하기에 더 없이 좋은 장소다.

딴산을 지나면 우리나라에서 가장 먼저 송어 양식을 시작했다는 산천어 월드파크가 나오고 그곳에서 조금만 더 가면 일제강점기 시절 건설되어 한국의 반세기를 버텨온 화천댐이다. 화천댐에 이르면 내내 올라왔던 길을 다시 내려가야만 한다. 그렇다고 반복되는 풍경에 지루해할 염려는 없다.

다시 거슬러 돌아가는 북한강은 올 때와는 또 다른 표정이다. 꺼먹다리와 화천수력발전소를 거쳐 구만교, 대봉교를 지나면 세상에서 가장 아름다운 다리가 출렁 나타난다. 이름도 예쁜 숲으로다리, 일명 폰툰다리다.

화천군은 이 북한강변에 '명품 자전거 산소길'을 조성하면서 기존 도로가 없던 강 맞은 편에 도로를 내는 일에 무척 고심했다 한다. 자연을 만끽하기 위한 자전거 도로를 내려고 산자락을 깎아내는 모순을 저지를 수는 없어 생각한 것이 부표교. 수많은 플라스틱 부표를 띄우고 그 위에 화천에서 생산된 목재를 덧대 물 위로 길을 낸 것이다.

사방은 호수. 그 호수 위로 2km가 넘는 길을 걸어보라. 그 길을 걷노라면 물의 기운이 온몸에 퍼져 공중부양을 터득한 양 허공을 거니는 듯하다. 게다가 그 길의 정취는 아름다워 사람을 몰아지경으로 이끈다.

숲으로다리가 끝나는 지점부터는 나무숲길인데, 상당히 불편하다. 최대한 자연훼손을 억제하기 위하여 낚시꾼들과 주민들이 다니던 오솔길을 약간 보수만 해놓았기 때문이다. 해서 종종 사람의 키보다 낮은 나뭇가지를 피하기도 하고, 굵은 나무 등걸을 뛰어넘기도 해야 한다. 그러나 이런 불편함이라면 천만번도 더 감내할 수 있다. 얼마나 유쾌한 불편함인가.

느림보 따라하기

화천에서 딴산을 거쳐 산천어밸리까지 도보로 돌아보기엔 너무 길다. 도보로 여행할 경우엔 대봉교까지만 걷고, 딴산유원지와 산천어밸리까지 돌아보려면 자전거를 빌려 돌아보자. 화천군에서는 5천 원에 자전거를 빌려주고, 자전거를 반납한 후에는 5천 원짜리 화천상품권으로 교환해준다.

물 기운에 온몸이 공중으로 뜰 것 같은 '숲으로다리'는 산을 깎지 않기 위해 만든 부표교.

파로호는 춘천댐을 만들기 위해 생긴 인공 호수와 인공 섬이지만 그 풍경은 절경이다.

하늘빛 호수를 거닐다

길은 내내 호수길. 걸음걸음마다 야생초가 흔들리고 물안개가 스쳐간다.
너무 아름다워 현실감이 없어 보일 정도다. 걷는 길이 아니라 남들이 모르는
나만의 길 하나 갖고 싶은 사람이라면 이곳에서 그 길을 찾을 수 있을 것이다.
붕어섬은 봄과 가을은 물론이요, 일 년 내내 물안개가 피어오르는 섬이
다. 겨울이면 이미 마른 풀잎들이 얼음꽃을 피워내 또 다른 장관을 이룬다.

춘천댐이 만들어지면서 생긴 이 작은 섬은 화천군민들의 축제의 장이요, 휴식공간이다. 사람들이 많이 모이는 곳이니 인공적인 손길이 없을 수 없다. 그러나 울창한 숲과 흙길은 자연스럽게 어우러져 걷기 여행에 좋다.

하늘빛 호수마을의 본래 이름은 원천리. 낚시터로 명성이 높은 마을이다. 그래서 호수면 곳곳에는 낚시터가 물그림자를 드리우며 그림처럼 떠 있다. 가을이면 노란 감국이 호숫가를 환상처럼 덮는다. 호숫가에 서보라. 비록 세월 낚는 강태공이 없을지라도 시간은 멈춘 듯하다. 쾨쾨하게 묵은 감정들을 한바탕 토해낸 후 찾아오는 공허함 같은 것이 잠시 찾아오면 그 후엔 외로움이 찾아든다. 그렇다고 쓸쓸하진 않다. 다시 길을 걷는다. 동구래마을 하늘빛 호수마을 안의 야생화 마을이다. 일천 평이 넘는 이 마을 야생화 밭에는 봄부터 가을까지 복수초, 금낭화, 매발톱, 초롱꽃 등 50여 종이 넘는 토종 야생화가 피고 진다. 특히 야생화와 솟대, 호수가 어우러진 풍경은 숨겨두고 싶을 정도로 아름답다. 이 마을에서 조금만 더 걸어가면 연꽃단지다. 아직 많이 알려지진 않아 찾는 사람도 적다. 비밀의 화원이다.

느림보 따라하기
동구래마을에서 꽃차 한 잔 마시는 짬을 내보자. 향긋한 감국차와 어우러지는 북한강변 풍경은 가장 저렴하게 즐길 수 있는 호사다.

화천 도보여행을 위한 Tip

 **여행일정**

도보여행 (붕어섬에서 자전거 대여) 화천재래시장 ⋯ 산천어낚시광장 ⋯ 미륵바위 ⋯ 꺼먹다리 ⋯ 산천어 월드파크 ⋯ 화천댐 ⋯ 숲으로다리(폰툰다리) ⋯ 위라리7층석탑 ⋯ 숲으로다리 ⋯ 붕어섬(자전거반납) ⋯ 하늘빛호수마을 ⋯ 동구래마을 ⋯ 연꽃단지(32km, 자전거구간 : 20km)

모든 코스를 도보여행하려면 화천댐까지는 하루에 무리다. 아래 코스를 권한다.

화천재래시장 ⋯ 산천어낚시광장 ⋯ 숲으로다리 ⋯ 위라리7층석탑 ⋯ 붕어섬 ⋯ 하늘빛호수마을 ⋯ 동구래마을 ⋯ 연꽃단지 (20km)

1박2일 코스 도보여행 +

- **작가 이외수를 만나고 싶다면** (물빛누리호 이용) 파로호 ⋯ 세계평화의종공원 ⋯ 다시 복귀 후 작가 이외수의 문학을 만날 수 있는 감성마을(oisoo.co.kr 홈페이지에 방문예약을 할 경우 운이 좋다면 이외수 선생을 만날 수도 있다)
- **산을 좋아하면** 용화산 또는 두류산 등산을 권한다.
- **하이킹을 좋아하면** 자전거 대여가 쉽고 DMZ를 포함한 꽤 많은 하이킹 코스가 개설되어 있다. 다만, 몇몇은 산악MTB가 아니면 힘든 구간도 있으므로 본인의 실력에 맞는 코스를 선택하는 것이 중요하다.

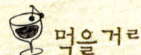 **먹을거리**

산천어회 화천의 대표음식. 민물고기임에도 전혀 비리지 않고 부드러운 맛이 일품. 필수아미노산 함량이 높아 피로회복, 활력증진 및 신체회복에도 좋다. 사내면 사창리의 '바다회센터', 파로호 선착장의 '서울횟집' 등이 유명

민물잡고기매운탕 화천의 청정한 계곡에서 잡은 민물고기 매운탕 맛이 일품이다. 화천읍 대이리의 '대이리쉼터', '동촌식당' 등이 유명.

화천한우 마블링이 고루 분포되어 있어 한국인들이 가장 좋아하는 쇠고기맛. 화천읍 하리의 '우정숯불갈비'가 유명.

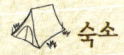 **숙소**

가격이 부담되지 않으면서 깔끔하고 경치 좋은 '아쿠아틱리조트' 추천. 그 외에 호숫가 주변 민박집들도 정취가 좋아 조금 불편해도 추천할 만하다.

걸으면 행복한 길 23

1쇄 발행 | 2011년 7월 10일
2쇄 발행 | 2011년 8월 3일

지은이 | 신영철
펴낸이 | 임후남

진　행 | 이선일
디자인 | 김진디자인
출　력 | 아이앤지
인　쇄 | 성광인쇄

펴낸곳 | 생각을담는집
주　소 | 서울시 양천구 목동 현대 41타워 3903호
전　화 | 편집 070-8274-8587　영업 02-2168-3787
팩　스 | 02-2168-3786
전자우편 | mindprinting@hanmail.net

ISBN 978-89-94981-14-7　13980

* 이 책의 출판사 수익금 일부는 국제 어린이 구호단체인 〈컴패션〉에 기부됩니다.